中学生にもわかる
微分積分

三好要市

同時代社

目 次

第1回目 関数について ……………………………… 005

第2回目 微分の概念 ……………………………… 013

第3回目 微分の応用 ……………………………… 025

第4回目 積分について ……………………………… 035

凡 例

1 本書は、著者:三好要市が、公立中学校在職中に、数学の教材として中学生向けに執筆していた原稿をもとにして、『UFOと宇宙』(ユニバース出版社)誌上に連載した「科学教養講座 中学生にもわかる微分積分」(全4回、1975年8月号〜)をまとめたものである。

2 著者は2012年8月に逝去された。本書発行にあたり、ほぼ著者の原文を尊重したが、読者の便宜のために、図表などはできる限り見やすく加工した。また全4回の各タイトルは編集部によるものである。

第1回目

関数について

はじめに

あらゆる科学研究の基礎になるのが数学であることはだれも知っていることですが、ひとくちに数学といっても範囲が広くて、そのすべてを完全に理解してあらゆる問題に応用するのは容易ではありません。しかし日常生活に応用するだけなら四則演算（足し算・引き算・掛け算・割り算）だけで大体に間に合うにしても、もっと高度な研究に応用しようということになると、どうしても程度の高い数学の知識が必要です。ましてや読者のみなさんが将来UFOの推進力を解明したり画期的な推進方式によるエンジンを開発しようと考えておられるのなら、数学の分野で高度な知識を身につけておくことが肝要です。

そこで今回から初歩の微分積分（びぶんせきぶん）の講座を連載することにしました。微分積分をマスターすれば複雑な問題を短時間で楽に解くことができ、はかり知れない利益をもたらしますし、実際、科学研究上の複雑な計算に広く用いられます。微分積分は高校の2年生から教わることになっていますが実際には関数というものの概念をつかんでおりさえすれば中学生にも理解できるものなのです。微分積分の理論そのものは「わけのわからない複雑きわまりないもの」ではありません。わかってしまえば「ナーンだ。こんな簡単なものだったのか！」と驚かれるでしょ

図1

う。そうなると今まで数学ぎらいだった人もガゼン数学が好きになるでしょうし、中学生で微分積分の簡単な計算ができるという優越感も手伝って学校の数学の学習にも身が入り、成績は飛躍的に向上するでしょう。この講座では中学2年生以上の人で数学を普通に勉強している方ならだれでも理解できるように初歩の微分積分が徹底的に平易に述べてあります。これを読んで微分積分の何たるかがわからない人は、まだ中学の数学が充分に理解できていないことになりますから、もう一度ザッと勉強し直して下さい。

「微分積分とは何か」ということを説明する前に、実例としてひとつここで簡単な応用問題を2つほど解いてみましょう。これらの問題は四則演算でも解けますが、初歩的な微分積分を用いればいとも簡単に正解が出てきます。さあ、やってみましょう。ここで解き方の意味がわからなくても心配する必要はありません。あとでわかるようになります。

〈問題1〉
　地上から真上に投げられた物体（ボールでも何でもよい）の高さXmが時刻t秒の関数として

　　$X = -4.9t^2 + 30t$　という式で与えられているとき、①初速度と、②その物体が最高の位置に達したときの高さを求めよ。

《問題の意味》
　古代に弓矢の原理を応用して石を遠くまで投げ飛ばす武器が戦争で用いられましたが、これと似たような機械（図1）を作って、一定の重量を持つボールを真上に発射するとします。するとこの球は発射した瞬間には勢いよく飛び出ますが、しだいに速度が弱まってきて、やがて空中のどこかある1点で静止して、今度は逆に下へ落ち始めます。この飛び出た瞬間の速度を初速度といい、問題1の①は、飛び出てから1秒間に何mの距離を上昇するほどの勢いを持っているかということで、②は球が空中で静止した瞬間の地上からの高さを求めよという意味です。

　最初に関数として与えられた
　$X = -4.9t^2 + 30t$　という式は、かりに定めた式であって、現実に何かの発射現象を測定した結果こんな式ができたというわけではありません。「関数」という言葉の意味はあとでくわしく説明しますが、ここで簡単に述べますと、ある何かの数が状況の変化によって1、2、3、4……と刻々変化するにつれて別な数が1、4、9、16……というふうに（これは1つの変化の仕方を示した例であって、すべて2種類の数がこのように変化するという意味ではありません）変化してゆく関係にある場合、最初の1、2、3、4……の変化に対してあとの1、4、9、16……の対応の関係を「関数」といいます。いま上の式でXは距離をあらわし、tはtimeの略で時間をあらわします。もっとわかりやすく言いますと、Xは1m、2m、3m、4m……というふうに距離をあらわし、tは1秒、2秒、3秒、4秒……というふうに時間の流れをあらわします。したがってXとtにどんな数字をあてはめてもかまいません。この場合、右辺のtの価を何かの数字であてはめると、左辺のXの価も変わってくるからXはtの関数というのです。

　そこで上の式を見ましょう。
　$X = -4.9t^2 + 30t$　となっています。左辺のXは何mかの高さ（距離）を意味し、右辺の2つのtは時間の何秒かを意味することはもうわかります。そこで問題①は初速度を求めよというのですから、最初の1秒間の速度なので時間tに1をあてはめて

　$X = -4.9 \times 1^2 + 30 \times 1 = -4.9 + 30 = 25.1$
となるかというと、そうはなりません。初速というのは物体が静止している状態から飛び出そうとするときに持っている"勢い"のことですから、時間はまだ0（ゼロ）なのです（ここが大切！）。そこで今度は早トチリしてtに0をあてはめて

　$X = -4.9 \times 0 + 30 \times 0$　とやると、これでは右辺がすべて0となって（ある数に0をかけると、みな0になる）$X = 0$となり、速さも何も出てこないことになります。ここが問

題なのです。この場合は「速度」というものの実態を知らないからこうなるのであって、実際には「速度とは左辺の X を右辺の t で微分したもの」なのです。もう少しむつかしくいうと、「X を t で微分した導関数が速度である」ということです。(この意味を今せんさくする必要はありません。あとでくわしく説明します)

$$X = -4.9 \times t^2 + 30t \quad \cdots\cdots\cdots (1)$$

ですから(これを2次式といいます)、これを微分すれば

$$V(速度) = \frac{dX}{dt} \quad \begin{pmatrix} X を t で微分すれば、という意味 \\ で、上から読んで「ディーエック \\ ス、ディーティー」と読みます \end{pmatrix}$$

$$= -9.8t + 30 \quad \cdots\cdots\cdots (2)$$

となり、これが速度なのです。$-4.9t^2$ を微分すれば $-9.8t$ になるという計算法も、血のめぐりのよい人ならピンとくるでしょうが、これも今は深く考える必要はありません。あとでお話しします(あせってはいけない!)。

さて速度がわかりましたからあとは時間をあらわす t に適当な時間の2秒なり3秒なりをあてはめれば、そのときの速度が出てきます。その前にまず初速度を出してみましょう。初速度というのは物体が飛び出す瞬間の時間が0(ゼロ)のときの勢いですから、$t=0$ とするのが正しいのです。そうすると

$$-9.8 \times \overset{(t)}{0} + 30 = 30$$

となり、結局(ある数に0をかければ0になる)

初速度 $= \underline{30(\text{m}/秒)}$ が正解です。これは物体が飛び出てから1秒間に30m進行する勢いを持っているという意味です。2秒目の勢い(速さ)は(2)式の t に2をあてはめると

$$-9.8 \times 2 + 30 = 10.4$$

となり、10.4m/秒となります。物体は上昇するにつれて勢いが落ちてゆきますから、初速度の30m/秒より

も2秒目には10.4m/秒となるのは当然です。

②の「物体が最高点に達して静止した瞬間の地上からの高さを求めよ」は

$$V(速度) = -9.8t + 30 \quad のとき、速度がゼロになった瞬間の高さですから、左辺の V (速度) を0とすれば$$

$$\overset{(V)}{0} = -9.8t + 30$$

となり、左右を入れかえて $9.8t = -\overset{(V)}{0} + 30$ が $9.8t = 30$ となるので(-0 はなくなる)これを変形して $t = \dfrac{30}{9.8}$ となります。この $\dfrac{30}{9.8}$ が t の価(あたい)です。この価を元の式の t の部分にあてはめますと

$$X = -4.9 \times \left(\frac{30}{9.8}\right)^2 + 30 \times \left(\frac{30}{9.8}\right)$$

$$\fallingdotseq 45.9\cdots \quad (3)$$

となり、答は約 $\underline{45.9\text{m}}$ と出ます。

以上は微分を応用した簡単な例にすぎませんが、実にあざやかに解答が出るではありませんか! これを見て大体の見当がつくのは、「どうやら微分というのは関数というものが与えられていて、それをどうにかして処理するものらしい」ということです。したがって最初に言いましたように、関数というものがのみこめていないと微分はできないということになるのです。そこでこれから関数について少しくわしくお話ししましょう。

関数とは何か

お金を入れたら切符が出てくる自動販売機のようなものを思いうかべて下さい。次の図は、その自動販売機と似たようなものです。

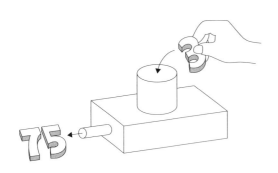

　自動販売機はお金を入れたら切符が出るのですが、この箱は上の穴に数字の3を入れると、横の穴から、数字の75が出たり、上の穴に数字の5を入れると横の穴から125が出たりする——そんなシカケの箱です。

　実は、この箱は、同じ値段のお菓子を、いくつ買えばいくらになるのか、小さい子供にもわかるように作った箱なのです。上の穴から入れる数字はお菓子の個数、横の穴から出る数字はその値段です。上から7を入れると横から175が出るし、10を入れると250が出てくる——そういう箱です。

　このようなシカケを数学では「関数」といいます。いちいち上の図のような箱の図を画くのはめんどうですから、下図のように略図にしてもよいのですが、

図を簡単にして

のようにすると、書きやすくなります。だから、これでよいのですが、関数という英語（*function*）の頭文字が f なので、この（　）は、ただの（　）ではなくて、関数、つまり、シカケの箱だぞとわからせるために $f(\ )$ と書くのがふつうです。

　この書き方を使うと、シカケの箱 $f(\ )$ の働きは

　　　$75 \leftarrow \ = f(3)$
　　　$125 \leftarrow \ = f(5)$
　　　$175 \leftarrow \ = f(7)$
　　　$250 \leftarrow \ = f(10)$

などに示されることになります。

　せっかく $\leftarrow \ = f(\ )$ が、シカケの箱だとわかってきたところで、申しわけありませんが、矢印（←）は書かないで $75 = f(3)$ と書いてあれば $75 \leftarrow \ = f(3)$ のことだと考えることにして下さい。

変数とは何か

　ところで、お菓子なん個でいくらになるかをこの箱で知るために、個数の数字の3や5や7をいちいち入れたり出したりして、とりかえました。

　ネオンサインが夜の街を美しく飾っています。あるお店のネオンの看板の文字を黄色にもしたい、赤にもしたい、緑にもしたいとき、色別に3台の看板をつくって、次々とりかえてもよいでしょうが、1台の看板で色だけ変わるようなものがあれば大変便利です。1台で黄色にも赤にも緑にもなる看板です。

　1台でいろんな色に変わるこの便利な看板のように3になったり、5になったり、1個でいろんな数に変化するモノがあればこれを1個箱に入れておけば、いちいち箱に入れる数字をとりかえなくてもすみます。

　これが3になれば75が出てくるし、5になれば125が出てくるわけで、大変便利です。

　この便利なモノに、数学では「変数」という名前をつけて、ふつう、「X」であらわします。

第1回目　関数について

すると、箱の中にこの便利な X をいれると
$$\leftarrow = f(X)$$
となり、X がいろんな数に変わるのにつれて、横の出口から、いろんな数字が自動的に出てくることになります。ついでに、出口から出てくるはずの数字と同じ数字に変化できるモノを1個出口にはめこんでおけばさきほど入れておいた便利な X の変化に応じて、これまた、いろんな数字になってくれます。この出口にはめこんだモノも、1台でいく種類もの色になれるネオンサインと同じように、1個でいろんな数に変化するモノですから、X と同じく「変数」の仲間です。こちらはふつう「Y」であらわします。

これら2個の変数を、シカケの箱 $\leftarrow = f(\ )$ に装置すると
$$Y = f(X) \leftarrow$$ （「ワイイコールエフエックス」と読みます）

になりますね。1台の看板の文字が黄色になり赤になり緑になるように、箱の中の X は、3になり5になり7になり、それらに応じて、Y は75になり125になり175になるというわけです。

このように、X も Y も、どちらも変数の仲間ではありますが、Y は X の変化に従って変化するので、**X の従属変数**といいます。これに対して、X は、自分勝手に変化できますから、**独立変数**と呼ばれます。

さて、それでは次に、このシカケの箱——つまり関数——の内部のシカケをみてみましょう。もうすでに想像しておられたように、箱の中は、$25 \times (\ )$ というシカケになっているのですね。というわけでこのシカケの箱 $f(\ )$ は、$25 \times (\ )$ という装置ですから、このことをコトバのかわりに式でかくと
$$f(\ ) = 25 \times (\ )\quad \text{です。}$$

シカケの箱 $f(\ )$ の中に3を入れるということは、シカケの $25 \times (\ )$ の $(\ )$ の中に3がはいるということですから
$$f(3) = 25 \times (3)$$
などという関係式になります。いちいち入れる数をとりかえるかわりに、自分でいろんな数に変化できる「変数」の X を1個入れておくことを考えましたが、そのときは同じ理由で
$$f(X) = 25 \times (X)$$
という関係式になります。

ところで自動販売機の中のシカケは知らないでも、お金を入れれば切符が出てくるし、テレビのシカケを知らないでも、電気を入れれば画面が出てくるように、利用する人にとってはシカケを知らなくてすむものがたくさんあります。同じように、数字の「関数」——シカケの箱——も、中のシカケを知っていた方がよいものもあるし、中のシカケを知らなくてもすこしも困らないだけでなく、知らないままで立派に役に立つものもたくさんあります。ですから、関数といったら、なにかある働きをする $\leftarrow = f(\ )$ という入口と出口のある箱のことだと簡単に考えておけばすむ場合がたくさんあるのです。

ここで、こんどは別のシカケの箱をもってきましょう。外見はお菓子のときと同様ですが、上の口から正方形の一辺の長さを入れると、横の口からその正方形の面積が出てくる働きをするシカケになっている箱です。

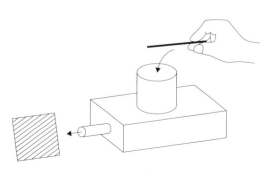

9

つまり、1(cm) を入れると 1(cm²) が、1.2(cm) を入れると 1.44(cm²) が、2.6(cm) を入れると 6.76(cm²) などが出てくる箱です。

この箱は、やはりシカケの箱だから、略して ←=f(↙) と書いてもよいのですが、そう書くと、さきほどのお菓子のときの箱とまちがえるかもわからないので、お菓子のときの f( ) とはちがう箱だと区別するために、こんどは g( ) などと書くこともあります。それで、いまはこの箱を g( ) と書くことにしましょう。つまり、この g( ) は

 1　　←=g(1)
 1.44 ←=g(1.2)
 6.76 ←=g(2.6)

などの働きをする箱のことです。

1台のネオンサインの看板の文字が、黄、赤、緑などの色になるように変数 X は1個でいろんな数に変化するモノでした。正方形の一辺の長さを入れる穴に、この変数 X を1個入れておけば、X の変化に応じて出口から正方形の面積の数字が、自動的に出てくることは、もうわかりますね。出口から出る数字と同じ数に変化する変数 Y を出口にはめこむと、お菓子のときと同じように

　　$Y=g(X)$

になります。

もちろん、この箱の中のシカケは
←=(↙)² ですから
　　$g(\ ) = (\ )^2$
です。だから
　　$g(\ 1\ ) = (\ 1\ )^2$
　　$g(1.2) = (1.2)^2$
　　$g(2.6) = (2.6)^2$

などが箱の内部のできごとです。いちいち入れかえないで、自動的に変化する1個の変数 X を入れた状態は
　　$g(X) = (X)^2$
です。
以上で ←=f(↙) と ←=g(↙) つまり
　　$Y=f(X)$ と $Y=g(X)$ は同じようなものだということがおわかりのことでしょう。しかし、ちがうこともあるのです。

連続

それは、お菓子のときの変数 X は、たしかに自由自在に変化できる1個の変数ではありましたが、お菓子の個数をあらわす数ですから、自由といっても、2の次は3、3の次は4という変化の自由であって、例えば2と3の間の2.1とか2.7などにはなれません。すなわち、変化する数と数の間にスキマがある変化のしかたです。それに対して正方形のときの X は、正方形の一辺の長さです。正方形の大きさは大小さまざまで、どんな大きさのでも考えられますから、1cm の次が 2cm とはいえません。その間には、一辺が、1.01cm のもあるし 1.2cm のもあるし 1.96cm のもあるし、無数の種類の長さのものが、びっしりあります。ちょうど、コップに水を注ぐときの水面の上昇のように、スキマのない変化をするのが、この場合の変数 X です。

正方形のときの変数 X のように、スキマなく変化するモノを連続といいます。

変数 Y のほうも、お菓子のときは何個かの値段ですから、25円の次は50円、その次は75円というぐあいにトビトビの変化ですが、正方形の面積を示す Y は連続です。この2つのグラフは、次のようになります。

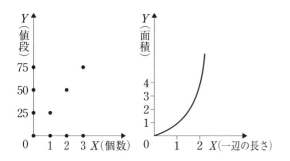

グラフを見て下さい。お菓子のときは、XもYも変化がトビトビでスキマがあり、XとYの関係をあらわすグラフもスキマがあるでしょう。反対に、正方形のときは、XもYもスキマがありません。どちらも連続ですね。グラフの曲線も連続です。

連続関数

この二つの例のうち正方形のときの話しのように、二つの変数XとYがどちらも連続で、グラフも連続であるような関数を連続関数といいます。

これから勉強しようとしている微分や積分は、すべて連続関数でのことと思っていてさしつかえありません。その意味で、微分積分の勉強には、連続関数は大切なのです。

もうひとつ、こんな関数も紹介しましょう。封書（てがみ）の郵送料は重さできめてありますね。25gまでは20円、50gまでは25円………などのようにきめてあります。そこで、封書の重さを入れたら、その郵送料の数字が出てくるしかけの箱――関数を ←$h($ ↶ $)$ としましょう。いままで出てきた ←$=f($ ↶ $)$ や ←$=g($ ↶ $)$ とはまたちがう箱だという意味で ←$=h($ ↶ $)$ にしました。

重さをあらわす変数をX（g）、郵送料をあらわす変数をY（円）とすれば、XとYを ←$=h($ ↶ $)$ に装置したら、これまでの説明でおわかりのように

$Y=h(X)$

になります。

封書の重さは、1gの次が2gのようなトビトビのふえ方ではなくて、その間には、1.1gや1.67gなど、無数の種類の重さが考えられますから、変数Xは連続です。これに対して料金をあらわす変数Yは、20円の次が25円、というぐあいに、トビトビに変化します。これをグラフにかくと、下図のようになります。

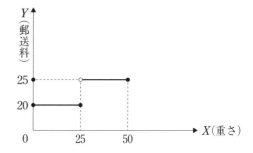

この関数では、変数Xが連続でも、変数Yは連続ではありません。グラフは、連続しているところと、つながっていないところ、つまり連続していないところがあります。そのうえ、お菓子のときの関数$f(\ )$と正方形のときの関数$g(\ )$は

$f(\ )=2.5\times(\ )$

$g(\ )=(\ )^2$

と、シカケを簡単に示せましたが、封書の関数$h(\ )$は、その内部のシカケを、簡単な一つの式で示すことはできません。でも、内部のシカケはわからなくても、←$=h($ ↶ $)$ という働きをする箱ですから、やはり $Y=h(X)$ は関数なのです。

以上説明してきましたように、関数には、その内部のシカケが示してあるものと示してないもの、グラフが連続であるものと連続でないものなどいろんな種類があることが大体

おわかりになったことと思います。ここではそのなかで、前にも述べておきましたように変数——とくに独立変数 X——が連続で、しかもグラフが連続になるものだけを考えることにします。

したがって、これからは、変数 X といえば、とくにことわりがないかぎり、X は連続に変化する変数だと考えてください。変数 Y のときも同じです。グラフもやはり切れ目のない連続な 1 本の線になるものと考えて下さい。

こういう条件にピッタリで、しかも簡単なものに、1 次関数、2 次関数、3 次関数などがありますので、おもにこれらを材料にして、微分や積分の勉強を進めましょう。

$$2X+3$$
$$-5X+8$$

などを、X の 1 次式といいましたね。

$$4X^2-5X+6$$
$$-2X^2+3X-9$$

などは X の 2 次式です。X の 3 次式というのは

$$5X^3+2X^2-3X+1$$

のようなものです。

関数 $f(\ )$ の内部のシカケが、X の 1 次式になっているものを、1 次関数といいます。

$$f(X)=25\times(X)$$
$$f(X)=2(X)+3$$

などは、X の 1 次関数です。もう、右辺の ( ) はかかなくてもおわかりでしょう。

$$f(X)=25X$$
$$f(X)=2X+3$$

などが、X の 1 次関数の内部の構造です。

同じように、関数のシカケが X の 2 次式になっているものを X の 2 次関数といいます。

$$f(X)=4X^2-5X+6$$
$$g(X)=X^2$$

などがそうです。t を連続な変数とすれば、はじめの例で紹介した

$$h(t)=-4.9t^2+30t$$

は、t の 2 次関数といえばよいわけです。

$$f(X)=5X^3+2X^2-3X+1$$

などを、X の 3 次関数ということも、全く同じです。

一般的には、X の 1 次関数、2 次関数、3 次関数を

$$f(X)=aX+b \qquad (a\neq 0)$$
$$f(X)=aX^2+bX+c \qquad (a\neq 0)$$
$$f(X)=aX^3+bX^2+cX+d \qquad (a\neq 0)$$

などであらわします。

3 次関数のグラフは、中学校ではほんのすこししか勉強しませんが、1 次関数のグラフは直線になること、2 次関数のグラフは放物線になることは、中学校でくわしく勉強するはずです。次回は、これらの復習をしながら、同時に微分の勉強をはじめることにいたします。

第2回目

微分の概念

　第1回目では関数についてくわしく説明しました。今回より待望の微分にはいりますが、なんといっても関数というものの基礎をしっかり身につけておかないと理解がむつかしくなりますから、本号の記事を読んで意味がよくわからない人はもう一度前号を読み直して下さい。それと、$(a+b)^2=a^2+2ab+b^2$ というような乗法公式もよく頭に入れておいて下さい。

等速運動

　いま、ある物体が10秒間に300m動いたとしましょう。この物体の速度は、どう表現すればよいでしょうか？

　いろいろな表現のしかたがあると思います。

　10秒間で300m動く速さ
　5秒間で150m動く速さ
　2秒間で60m動く速さ
　1秒間で30m動く速さ
　0.2秒間で6m動く速さ
　0.1秒間で3m動く速さ
　0.001秒間で0.03m動く速さ

などです。

　これらはどれも、この物体の速度を正しく表現しているのですが、たとえば、このなかの2つ

　5秒間で150m動く速さ
　0.001秒間で0.03m動く速さ

を、同じ速度のことだと判断するまでには、ちょっと迷ってしまいますね。

　それで、速度をあらわすには、「5秒間で」とか「2秒間で」とか「0.001秒間で」とかはよして、「1秒間で」で表現することに統一すれば、いちばんわかりやすいし、他の速度ともくらべやすいので、ふつうはそのように表現します。

　ですから、上の場合はこの速度の表現の代表は1秒間で30m動く速さです。

　「1秒間で30m動く速さ」のことを「秒速30m」とか「30m毎秒」とか「30m/s（30メートル・パー・セカンドと読みます）」などと書きます。

　ご存知のように、速度を求めるには

　速度 ＝ 距離÷時間

という式で計算しますが、これがつまり「△△秒間で」の表現を「単位時間1秒間で」の代表的表現になおしてくれる一種のフィルターなのです。

（時間の単位を「分」にすれば「単位時間1分間で」、「時間」にすれば「単位時間1時間で」になることは、もちろんです。）

つまり

　5秒間で150m　　→ 150÷5＝30（m/s）
　0.2秒間で6m　　→ 6÷0.2＝30（m/s）
　0.001秒間で0.03m → 0.03÷0.001＝30（m/s）

などという具合にです。

　この例のように、10秒間でみても、0.1秒間でみても、一瞬のような0.001秒間でみても、どこでも速度が30m/sであるというよ

うに、測る時間が長くても短くても、どこで測っても、速度が一定であるような運動を、等速運動といいます。

等速運動は、つねに一定の速さで一様に動く運動ですから、速さのイメージを想像するためには、便利で基本的な概念です。

速度が変化する運動

ところが、私たちのまわりには等速運動ではない現象がたくさんあります。

たとえば、走っている自動車がブレーキをかけてから止まるまでの一瞬一瞬の速度はスローモーション映画で見るとわかりますが、どこもみんなちがいます。一瞬一瞬の速度は次々小さくなって、ついに最後の瞬間、速度が0になって自動車は止まったということになるのです（走っている自動車にブレーキをかけた場合、ブレーキペダルを踏んだとたんにピタリと止まるのではなく、きわめて短時間内に除々に勢いが落ちてやがて止まるのです）。

ですから、ブレーキをかけてから止まるまでは、等速運動ではありませんね。それに、道路には信号もあるし、混雑度もさまざまだし、直線コースやカーブも組み合わさっていろいろな条件があり、それらの条件に応じて自動車が運転されますから、極端にいえば、その速度は速くなったり遅くなったりして時々刻々ちがうと考えたほうがよいでしょう。

このように、私たちのまわりには等速運動でないもののほうが多いのです。

等速運動は（たとえば速度はつねに30m/sであるというふうに）どこの速度も一定ですが、速度が刻々変化しているものは、出発後1秒目の速度はどれだけだったかとか、6.8秒目の速度はどれだけだろうかということが私たちの重要な問題になってきます。

瞬間の速度

x秒目に出発点からの距離がymであり、yはxの次のような関数になって運動している物体を考えてみましょう（自動車の動きを思い浮かべてもよいのですが、ただしあらゆる自動車が、すべてこの関数で、運動しているわけではありませんから誤解なきように）。

$$y=3x^2$$

そして、この物体の1秒目の速度を求めてみましょう。1秒目は、物体は出発点から、$3×1^2=3$(m) のところで、10秒目は、出発点から、$3×10^2=300$(m) のところに進みます。下の図をごらん下さい。

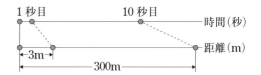

1秒目から10秒目までの9秒間で297m動いたことになりますから、もしこの間等速運動で動いたとするならば、1秒目の速度は

$$297÷9=33(m/s)$$

だということになります。そこで念のために、こんどは1秒目と2秒目とから考えてみましょう。

2秒目は出発点から、$3×2^2=12$(m) のところですから、下の図からわかるように、1秒目から2秒目までの1秒間に、9m動いたことになりますので、この間、等速だと考えると、1秒目の速度は9m/sとなって、はじめの結果と一致しません。

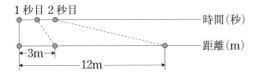

この結果から、この物体は等速運動ではないことがわかります。そのうえ、1秒「目」の速度を求めるのですから、時間差が大きければ大きいほど、速度の変化も大きいので、時間差をできるだけ小さくした測定の結果を、フィルター（速度＝距離÷時間）に通して、その瞬間の速度を代表的に表現すべきだということになります。

そこで、1秒目と1.1秒目を考えると、時間差は0.1秒間で、だいぶ小さくなります。1.1秒目は、出発点からの距離は、$3×1.1^2=3.63(m)$ ですから、下図で示されるよう

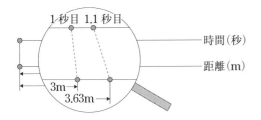

に、0.1秒間で0.63mの動きということで$0.63÷0.1=6.3(m/s)$ の速度です。

時間差を、もっとちぢめて、1.01秒目とでみればさらに正確になるはずです。1.01秒目は、物体は出発点から、$3×1.01^2=3.0603(m)$の距離のところですから、0.01秒間で、0.0603mの動きとなって、$0.0603÷0.01=6.03$（m/s）の速度といえます。

0.01秒間、つまり$\frac{1}{100}$秒間でも、数学では、1秒「目」という「一瞬」を考えるには、まだまだ大ザッパすぎるというわけです。

それでこんどは、時間差を$\frac{1}{1000}$秒間（0.001秒間）で考えてみるために、1.001秒目とで計算してみましょう。1.001秒目には、この物体は、出発点からの距離が、$3×1.001^2=$3.006003（m） のところです。0.001秒間に、0.006003mの動きですから、速度は、$0.006003÷0.001=6.003(m/s)$ です。

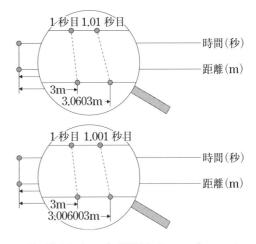

1秒「目」という課題からみると、これでも、まだまだ大ザッパだといわれてしまうのです。

いったい、どこまで試みれば、課題を達成したといってくれるのでしょうか！

このために、いままでの経過を次のように表に整理してみます。

1秒目からの時間差（秒）	計算された速度（m/s）
9	33
1	9
0.1	6.3
0.01	6.03
0.001	6.003

1秒「目」の速度を求めるには、考える時間差が小さければ小さいほど正確なものに近づくことが、理屈のうえからだけでなく、この表からもうかがえます。でも時間差はできるだけ小さいほうがよいといっても、0.0001秒間は、0.001秒間よりは小さいが、0.00001秒間のほうが、もっと小さいわけですから、こんなことを考えるとキリがありません。

それでは、いっそ、ひと思いに、時間差を0秒間で考えたらどうでしょうか。

0秒間ですと、1秒目と1秒目とで考える

ことですか、もちろん物体の動きは0mです。

つまり、0秒間に0m動いたともいえますから、速度は、0÷0＝□(m/s) で、□が答えになるはずです。

が、こんな割り算をしたことがありますか？「0÷0は0だ」などといってはいけませんよ。

6÷2＝□

の□は3ですね。割り算は掛け算の逆算ですから、□をなににすれば、除数の2と掛け合わせて被除数の6になるかを考えると、それにあてはまる数が□の答えで、この場合は、「2×3が6」ですから、答えは3なのです。割り算の答えの原理を図示すれば、下のようになります。

等しい　かける
6÷2＝□

それでは

6÷0＝□

は、どうでしょう。（等しい　かける）6÷0＝□の□はなんでしょうか？　そうです。□を、どんな数にしても、0と掛け合わせれば0になってしまうので、どうしても6にはなりません。ということは、どんな数も□の答えにはなれないのです。つまり、答えがないのです。

では、いよいよ、

0÷0＝□

は、どうでしょう。（等しい　かける）0÷0＝□にあてはまる数が□の答えです。

（等しい　かける）0÷0＝ 0 、0÷0＝ 5 、0÷0＝ −1.3

あれあれ！　□は、どんな数でも、0と掛け合わせると0になってくれるので、みんな答えになれることがわかりました。「どんな数でも、みんな答えです」ということは、結局、答えがないことと同じです。0も答えのひとつですが、0をふくめて、なんでも答えですから、答えを0とかいたら、まちがいなのです。

6÷0

0÷0

などのように、「0で割った」ときには、答えはないのです。つまり、0で割り算はできないのです。

というようなわけで、**時間差が小さければ小さいほどよいからといっても、0にしたらダメですが、「どんどん0に近づける」ほど、速度は正確になるはずです。**表を見て下さい。正確になるはずということは、表の上で、速度も、あるナニかにどんどん近づいているはず――ということです。ナニに近づいていると思いますか？　あとで、はっきりさせますが、速度は6m/sにどんどん近づいているのです。

要約しますと、1秒目からの時間差をどんどん0に近づけると、求める速度は6m/sにこれまたどんどん近づきます。この目標のような6m/sを1秒「目」の速度というのです。

0にはしないが、限りなく0に近づけるとか、そのとき、きっちり6m/sにはならないが、限りなく6m/sに近づくというような、動的な思想、無限という思考が微分や積分の特徴的な思想であり方法ですから、ここのところを十分味わいながら勉強して下さい。

無限と極限

以上のことをより正確に理解するために、いまいちど表をつくりなおして勉強をすすめましょう。

第2回目　微分の概念

A	B	B÷A
1秒目からの時間差（秒）	1秒目（3m）のところからの距離差（m）	
9	297	33
1	9	9
0.1	0.63	6.1
0.01	0.0603	6.03
0.001	0.006003	6.003
⋮	⋮	⋮
h	k	$\dfrac{k}{h}$
↓	↓	↓
0		6

この表のなかの h(秒) は、1秒目からの時間差で、それに対応する距離差を k(m) としました。

h と k を使って先ほどの確認事項を再現しますと、「h をどんどん 0 に近づけると、対応する k も変化して、$\dfrac{k}{h}$ がどんどん 6 に近づく」ということでした。

この確認事項を、h や k を使った式でいっそう、確実に理解したいと思います。

時間と距離の関係を h や k で図示すると、次図のようになることはいままでと同じですから、おわかりのことと思います。

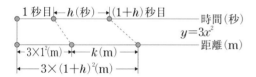

1秒目の距離は $3 \times 1^2 = 3$(m) です。

そして、1秒目から h 秒後、つまり、はじめから考えると $(1+h)$ 秒目の距離は

　　　　　　$(a+b)^2=a^2+2ab+b^2$ の公式を思い出して下さい
　　　　　　　　↓
$3 \times (1+h)^2 = 3(1+2h+h^2)$
$ = 3+6h+3h^2$ (m)

ですから、1秒目からの h 秒間で

$(3+6h+3h^2)-3 = 6h+3h^2$ (m)

動いたことになります。

だから、時間差 h 秒間に対応する距離差 k m は

$k = 6h+3h^2$

です。したがって

$\dfrac{k}{h} = \dfrac{6h+3h^2}{h} = 6+3h$

となります。この式から、h を（0 にはしないが）どんどん 0 に近づけると、$\dfrac{k}{h}$ つまり $6+3h$ の h を（0 にはしないが）どんどん 0 に近づけるわけですから、$3h$ は（0 にはならないが）どんどん 0 に近づき、その結果、$6+3h$ は、（6 にはならないが）限りなく 6 に近づくことが明らかになってきます。

この「どんどん近づく」ことを記号「→」であらわして、上の内容を

「$h \to 0$ のとき $\dfrac{k}{h} \to 6$」

とか

「$\displaystyle\lim_{h \to 0} \dfrac{k}{h} = 6$」（lim は、リミットと読みます）

などと書きます。

この調子で、2秒目の速度を求めてみましょう。みなさんも練習問題のつもりで、まず自分でやってみてから次をお読みになったほうが面白いと思います。

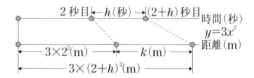

2秒目の物体の距離は、$3 \times 2^2 = 12$(m) です。

2秒目から h 秒後、つまり、はじめから $(2+h)$ 秒後の物体の距離は

$3 \times (2+h)^2 = 3(4+4h+h^2)$
$ = 12+12h+3h^2$ (m)

ですから、時間差 h 秒間に対応する距離差 k m は

$k = (12+12h+3h^2)-12 = 12h+3h^2$

となります。したがって

$$\frac{k}{h} = \frac{12h+3h^2}{h} = 12+3h$$

です。

だから、$\lim_{h \to 0} \frac{k}{h} = \lim_{h \to 0}(12+3h) = 12$

です。動き始めてから、2秒「目」の速度は12m/sだという計算結果です。

この物体は、1秒目が6m/sでしたから、だんだんスピードが上がる運動をしていることもついでにわかりました。

$y = 3x^2$　（xは時間(秒)、yは距離(m)）

を例にとって、「1秒目」と「2秒目」の速度を求めました。

こんどは、もっと一般化するために、まずa秒目の速度を求めてみましょう（この「a」にはどんな数字をあてはめてもかまいません）。

といっても考え方と計算はいままでと全く同じです。

出発後a秒目の物体の距離は $3a^2$(m) です。a秒目からh秒後、つまり、出発してから$(a+h)$秒目の距離は、$3(a+h)^2$(m) ですから、時間差h秒間に対応する距離差kmは、

$$k = 3(a+h)^2 - 3a^2 = 3(a^2+2ah+h^2) - 3a^2$$
$$= 3a^2 + 6ah + 3h^2 - 3a^2$$
$$= 6ah + 3h^2$$

したがって

$$\frac{k}{h} = \frac{6ah+3h^2}{h} = 6a+3h$$

ゆえに

$$\lim_{h \to 0}\frac{k}{h} = \lim_{h \to 0}(6a+3h) = 6a$$

です。

a秒目の速度は、$6a$m/s だということです。任意のaでこういう結論になるということは、あらためていちいち計算してみなくても

b秒目の速度は、$6b$m/s であり、

c秒目の速度は、$6c$m/s である――などのことを示しているわけです。

この結論は、a秒目、b秒目、c秒目などの速度は$6 \times (\ )$の、$(\ )$内に、それぞれ、a、b、cなどを入れかえればよいということですから、変数xを1個$(\ )$内に入れておけば、変数xの自動変化で、$6x$はあらゆる時点での速度をあらわすことができることがわかりました。

これを利用すると

$x=1$のとき、つまり1秒目の速度は、$6 \times 1 = 6$(m/s)

$x=2$のとき、つまり2秒目の速度は、$6 \times 2 = 12$(m/s)

など、さきほどにくらべて大へん求め具合が楽になります。

$y = 3x^2$

からできた関数$6x$をy'であらわして

$y' = 6x$

と書きます。

あとでまたふれますが、y'という記号は、xの関数yを、xで微分したことを表わす記号の一つです。

微分とは何か

いよいよ、待望の「微分」という言葉が出てきましたので、ここで、微分のもつ意味と定義を述べておきましょう。

yがxの関数であるとき

$y = f(x)$

とあらわします。つまり

$b = f(a)$　……………（1）

18

だとします。

つぎに、x が a から h だけふえて $(a+h)$ になったとき、それに対応する y は、b から k だけふえて $(b+k)$ になったとします。これを式であらわすと
$$b+k=f(a+h) \cdots\cdots\cdots (2)$$
です。

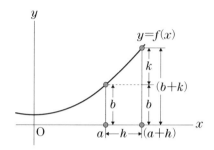

(2)−(1) から
$$k=f(a+h)-f(a)$$
だから
$$\frac{k}{h}=\frac{f(a+h)-f(a)}{h} \quad \text{(分子全体は } k\text{)}$$

そして、h を（0 にはしないが）どんどん 0 に近づけたときの $\frac{k}{h}$、つまり、そのときの $\frac{f(a+h)-f(a)}{h}$ の極限の値つまり記号で書くと、$\lim_{h \to 0}\dfrac{f(a+h)-f(a)}{h}$ を、$f(x)$ の、$x=a$ での微分というのです。

この定義を念頭において、さきほどのことをふりかえってみますと
$$y=3x^2$$
で、1 秒目の速度とは、つまり、$x=1$ での $3x^2$ の微分であったし、2 秒目の速度とは、$x=2$ での、$3x^2$ の微分であったことがおわかりでしょう。

$x=a$ での $f(x)$ の微分を、$f'(a)$ であらわします。この記号をつかうと
$$f'(a)=\lim_{h \to 0}\frac{f(a+h)-f(a)}{h}$$
ということになります。

この式は、任意の a について成立していますから、a のかわりに 1 個の変数 x で置きかえれば
$$f'(x)=\lim_{h \to 0}\frac{f(x+h)-f(x)}{h}$$
となり、この式は変数 x の自動変化によって、a のときはもちろん、あらゆる点での微分をあらわせることを示しています。こうしてできた x の関数 $f'(x)$ を、関数 $f(x)$ の導関数ともいいます。

たとえば、$f(x)=3x^2$ の導関数は $6x$ となり、これを $f'(x)=6x$ と書きあらわします。

微分と記号

微分の勉強には、いろんな記号が出てきますが、いまひとつ、記号を紹介しておきたいと思います。

いままで、変数 x のふえた量（x の増分）を h、変数 y のふえた量（y の増分）を k として、h、k を使って考えてきましたが、h にあたる x の増分を Δx（デルタ・エックスと読みます）これに対応する（k にあたる）y の増分を Δy であらわすこともよくありますから、これにも馴れて下さい（この「Δ（デルタ）」というのは「ほんのわずかの」というような意味です）。

Δx や Δy の利点は、一目で x の増分か y の増分かがわかることにあります。反対にその欠点は、馴れないあいだは Δx を、$\Delta \times x$ の意味だとカン違いしたり、$\dfrac{\Delta y}{\Delta x}$ をうかつに、Δ で約分して $\dfrac{y}{x}$ にしようとしたりすることが、よくあることです。

でも馴れると大へん便利な記号ですから、うんと勉強して早く馴れて下さい。

Δx、Δy を使うと、$\lim_{h \to 0}\dfrac{k}{h}$ は $\lim_{\Delta x \to 0}\dfrac{\Delta y}{\Delta x}$ となります。

h、k から、Δx、Δy にも早く馴れていた

だくために簡単な比較図を添えておきましょう。

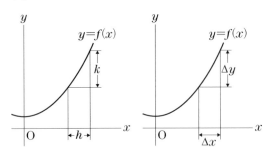

$\frac{\Delta y}{\Delta x}$ の、Δx をどんどん0に近づけるときの $\frac{\Delta y}{\Delta x}$ の極限の値は、もちろん $\lim_{\Delta x \to 0} \frac{\Delta y}{\Delta x}$ と書くわけですが、いちいち $\lim_{\Delta x \to 0} \frac{\Delta y}{\Delta x}$ と書くよりも、簡単に、$\frac{dy}{dx}$（ディーワイ・ディーエックスと読みます）と書いてもよいことになっています。

y' も、$f'(x)$ も、$\frac{dy}{dx}$ も、みんな、関数 $y=f(x)$ を x で微分したもののことで、同じものの別名です。たとえば、山田建吉君のことを、「ヤマさん」と呼んだり、「ケン坊」と呼んだり、「山田くん」と呼んだりするのと同じで、場面場面で便利なものを使えばよいのです。

簡単な関数の微分

それでは、具体的にいくつかの基本的な関数を微分してみましょう。

① $f(x)=x$ のとき。
$f'(x)$
$=\lim_{h \to 0} \frac{f(x+h)-f(x)}{h}$
$=\lim_{h \to 0} \frac{(x+h)-x}{h}$
$=\lim_{h \to 0} \frac{h}{h} = \lim_{h \to 0} 1 = 1$

② $f(x)=x^2$ のとき。
$f'(x)$
$=\lim_{h \to 0} \frac{f(x+h)-f(x)}{h}$
$=\lim_{h \to 0} \frac{(x+h)^2-x^2}{h}$
$=\lim_{h \to 0} \frac{(x^2+2xh+h^2)-x^2}{h}$
$=\lim_{h \to 0} \frac{2xh+h^2}{h}$
$=\lim_{h \to 0} (2x+h)$
$=2x$

③ $f(x)=x^3$ のとき。

注　$(a+b)^3 = (a+b)(a+b)^2$
$=(a+b)(a^2+2ab+b^2)$
$=a^3+3a^2b+3ab^2+b^3$
この公式は中学の段階ではまだ出て来ませんが、よく見ると $(a+b)^2$ に $(a+b)$ を掛け合わせただけの簡単なものですので、おぼえておくと便利です。

$f'(x)$
$=\lim_{h \to 0} \frac{f(x+h)-f(x)}{h}$
$=\lim_{h \to 0} \frac{(x+h)^3-x^3}{h}$
$=\lim_{h \to 0} \frac{(x^3+3x^2h+3xh^2+h^3)-x^3}{h}$
$=\lim_{h \to 0} \frac{3x^2h+3xh^2+h^3}{h}$
$=\lim_{h \to 0} (3x^2+3xh+h^2)$
$=3x^2$

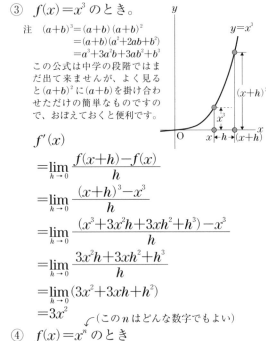

④ $f(x)=x^n$ のとき（この n はどんな数字でもよい）

x、x^2、x^3 の微分の結果から考えると
$f'(x)=nx^{n-1}$

という公式が得られることがわかります。2項定理といって、$(a+b)^n$ の展開公式がありますが、この2項定理を使えば、かんたんに上の公式を得ることができます。

機会があったら、みなさんで導いていただくことにして、いまは結果を公式としてあげておくことにとどめます。利用価値が大きい公式ですから、おぼえておいたほうが便利です。

この公式で、①、②、③の微分を、機械的にやってみましょう。

いちいち本質や定義にたちかえらないで、公式によって機械的に結果を得ることができるのも数学のすぐれた特徴でもあるのです。

① $f(x)=x$

は、$f(x)=x^1$ のことですから、公式の $n=1$ のときに相当しますので

$f'(x)=1x^{1-1}=1x^0=1$ となり、結局答えは1。

② $f(x)=x^2$ は、公式の $n=2$ のときに相当します。だから

$f'(x)=2x^{2-1}=2x^1=2x$

③ $f(x)=x^3$ は、公式の $n=3$ のときに相当します。だから

$f(x)=3x^{3-1}=3x^2$ などという調子です。

ついでに、$f(x)=x^5$ ならば、$f'(x)=5x^4$ です。

とくに、右辺が定数(横文字ではなく、ある定まった数)であるような関数の微分はどうなるでしょうか。

⑤ $f(x)=4$

で考えてみましょう。これも微分の定義通りすすめればすぐ結論が出ます。

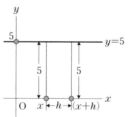

$f'(x)$
$=\lim_{h \to 0}\dfrac{f(x+h)-f(x)}{h}$
$=\lim_{h \to 0}\dfrac{5-5}{h}$
$=\lim_{h \to 0}\dfrac{0}{h}=\lim_{h \to 0}0=0$

そこで、定数の数字のかわりに代表選手として c という文字であらわすことにすれば、右図からもわかるように

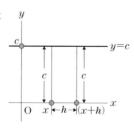

$f(x)=c$ の場合の c の微分は「0(ゼロ)」になるといえます。

以上で、x、x^2、x^3 などおよび定数の微分は一応理解できたことと思います。そこで、それらに係数(横文字の前に来る数字)の付いた $2x$ とか $4x^2$ とか $7x^3$ などの微分の勉強にうつることにしましょう。まず

⑥ $f(x)=2x$ から、はじめます。

どんなときでも、やはり定義に従いさえすればそれが求めるものになりますから、計算しますと、

$f'(x)=\lim_{h \to 0}\dfrac{f(x+h)-f(x)}{h}$
$=\lim_{h \to 0}\dfrac{2(x+h)-2x}{h}$
$=\lim_{h \to 0}\dfrac{2x+2h-2x}{h}$
$=\lim_{h \to 0}\dfrac{2h}{h}=\lim_{h \to 0}2=2$

です。つぎに

⑦ $f(x)=4x^2$ のときは、

$f'(x)=\lim_{h \to 0}\dfrac{f(x+h)-f(x)}{h}$
$=\lim_{h \to 0}\dfrac{4(x+h)^2-4x^2}{h}$
$=\lim_{h \to 0}\dfrac{4\{(x+h)^2-x^2\}}{h}$
$=\lim_{h \to 0}\dfrac{4(x^2+2xh+h^2-x^2)}{h}$
$=\lim_{h \to 0}\dfrac{4(2xh+h^2)}{h}$
$=\lim_{h \to 0}4(2x+h)=4\times(2x)=8x$

ですね。

⑧ $f(x)=7x^3$

も考えてみましょう。

$f'(x)=\lim_{h \to 0}\dfrac{f(x+h)-f(x)}{h}$
$=\lim_{h \to 0}\dfrac{7(x+h)^3-7x^3}{h}$
$=\lim_{h \to 0}\dfrac{7\{(x+h)^3-x^3\}}{h}$

$$=\lim_{h \to 0}\frac{7(x^3+3x^2h+3xh^2+h^3-x^3)}{h}$$
$$=\lim_{h \to 0}\frac{7(3x^2h+3xh^2+h^3)}{h}$$
$$=\lim_{h \to 0}7(3x^2+3xh+h^2)$$
$$=7\times(3x^2)=21x^2$$

というわけです。

このなかの、$f(x)=4x^2$ と $f(x)=7x^3$ の2つをならべて形の類似点から、ひとつの法則を出してみましょう。

$f(x)=4x^2$ のときは、これを微分すれば $f'(x)=4\times(2x)$ で $8x$　$f(x)=7x^3$ のときは、$f'(x)=7\times(3x^2)$ で $21x$ でした。

注意ぶかい方は、もう気がつかれたことと思いますが、（　）のなかの $2x$ と $3x^2$ は、それぞれ、x^2 と x^3 の微分——記号で書けば、$(x^2)'$ と $(x^3)'$ のことですね。

ですから結局、$4x^2$ や $7x^3$ などの微分は、それぞれ、つぎのように、演算を機械的にすすめればよいということが、おわかりになるでしょう。

$f(x)=4x^2$ のときは、$f'(x)=4(x^2)'$
$$=4\times(2x)=8x$$
$f(x)=7x^3$ のときは、$f'(x)=7(x^3)'$
$$=7\times(3x^2)=21x^2$$

というようにです。

これらのことから、すでに頭のなかで予想しておられるように、これを公式化して、

$f(x)=ax^n$ のときは、$f'(x)=a\times(x^n)'$ $=a\times(nx^{n-1})=anx^{n-1}$ と考えて計算すればよいことが、証明されています。ですから、$f(x)=2x$ のときも
$$f'(x)=2\times(x)'=2\times 1=2$$
と考えれば、この公式で求められることが理解されると思います。

つまり、x の右肩にある指数を x の前にもってきて、そこの数字と掛け合わせるとともに、右肩の指数から 1 を引けば、これが微分の計算法であり、答えの「導関数」になるのです！

「ナーンだ、小学生でも暗算でやれるじゃないか！」と思わず歓声があがることでしょう。

このことは、あとでもっと正確に説明します。

関数の和の微分

以上で、$2x^2$ や $5x^2$ や $4x$ や 7 などのひとつひとつを微分することは、定義から求めることも、公式で機械的に計算することもできるようになったわけです。

それでは、これらがプラスやマイナスで連結されている関数である $f(x)=2x^3-5x^2+4x+7$ などの微分は、どのように計算をすすめればよいでしょう。

機械的に
$$f'(x)=(2x^3)'-(5x^2)'+(4x)'+(7)'$$
$$=2\times(x^3)'-5\times(x^2)'+4\times(x)'+(7)'$$
$$=2\times(3x^2)-5\times(2x)+4\times(1)+0$$
$$=6x^2-10x+4$$

のようにしてよいのなら、いちばんわかりやすいのですが、これでよいのでしょうか？結論からいうと、これでよいのです。その理由を明らかにするために、もういちど、微分の定義にしたがって計算をしてみることにします。

$$f'(x)=\lim_{h \to 0}\frac{f(x+h)-f(x)}{h}$$
$$=\lim_{h \to 0}\frac{\{2(x+h)^3-5(x+h)^2+4(x+h)+7\}-}{h}$$
$$\frac{(2x^3-5x^2+4x+7)}{h}$$
$$=\lim_{h \to 0}\frac{2(x+h)^3-5(x+h)^2+4(x+h)+}{h}$$
$$\frac{7-2x^3+5x^2-4x-7}{h}$$

$$=\lim_{h\to 0}\frac{2(x+h)^3-2x^3-5(x+h)^2+5x^2+}{h}$$
$$\frac{4(x+h)-4x+7-7}{h}$$
$$=\lim_{h\to 0}\frac{\{2(x+h)^3-2x^3\}-\{5(x+h)^2-5x^2\}+}{h}$$
$$\frac{\{4(x+h)-4x\}+(7-7)}{h}$$
$$=\lim_{h\to 0}\left\{\frac{2(x+h)^3-2x^3}{h}-\right.$$
$$\lim_{h\to 0}\frac{5(x+h)^2-5x^2}{h}+$$
$$\left.\lim_{h\to 0}\frac{4(x+h)-4x}{h}+\frac{7-7}{h}\right\}$$
$$=\lim_{h\to 0}\frac{2(x+h)^3-2x^3}{h}-$$
$$\lim_{h\to 0}\frac{5(x+h)^2-5x^2}{h}+$$
$$\lim_{h\to 0}\frac{4(x+h)-4x}{h}+\lim_{h\to 0}\frac{7-7}{h}$$

となりますが、ここまではよろしいでしょうか？ この最後の式の第1項から第4項までのそれぞれは、なんのことだかおわかりでしょうか？ そうですね、それぞれ、$(2x^3)'$、$(5x^2)'$、$(4x)'$、$(7)'$ のことでした。したがって、結局、
$$f(x)=2x^3-5x^2+4x+7$$
のときは、結論的に、
$$f'(x)=(2x^3)'-(5x^2)'+(4x)'+(7)'$$
のようになることが、明らかになりました。

前回の講座で、x が t の次のような関数
$$x=-4.9t^2+30t$$
であるときは、x を t で微分した $\frac{dx}{dt}$ は、
$$\frac{dx}{dt}=-9.8t+30$$
であるということ——そして「今は深く考える必要はありません。あとでお話しします（あせってはいけない！）」と書いて、やがて、はっきりさせることを示唆しておきましたが、納得されたでしょうか？

念のためにその経過を示しましょう。
$$x=-4.9t^2+30t$$
ですから

$$\frac{dx}{dt}=(-4.9t^2)'+(30t)'$$
$$=-4.9\times(t^2)'+30\times(t)'$$
$$=-4.9\times(2t)+30\times(1)$$
$$=-9.8t+30$$

となるからです。

さて、一般的に、$g(x)$ と $h(x)$ を、どちらも x の関数とすると、その和 $g(x)+h(x)$ も x の関数になります。この和の関数を $f(x)$ としますと、つまり
$$f(x)=g(x)+h(x)$$
のときは、
$$f'(x)=g'(x)+h'(x)$$
となることが定義から証明されますが、証明はみなさんの練習ということにしていただくことにしまして、ここでは、公式として紹介だけすることにします。

関数の差の関数のとき、すなわち
$$f(x)=g(x)-h(x)$$
のときも、全く同じで
$$f'(x)=g'(x)-h'(x)$$
です。

（だからといって、2つの関数 $g(x)$ と $h(x)$ の、かけ算やわり算の形になっている関数については、
$$f(x)=g(x)\times h(x) \quad \text{のとき}$$
$$f'(x)=g'(x)\times h'(x)$$
とか、
$$f(x)=\frac{g(x)}{h(x)} \quad \text{のとき} \quad f'(x)=\frac{g'(x)}{h'(x)}$$
にはなってくれません。上のようになってくれれば、公式としても、たいへん憶えやすいのですが、少々、癪です。

ですから、
$$f(x)=2x^3\times 5x^2 \quad \text{で}$$
$$f'(x)=(2x^3)'\times(5x^2)'=(6x^2)\times(10x)$$
$$=60x^3$$
とか

$$f(x) = \frac{3x^2}{7x^5} \quad で \quad f'(x) = \frac{(3x^2)'}{(7x^5)'}$$
$$= \frac{6x}{35x^4} = \frac{6}{35x^3}$$

などとしては、絶対にいけませんよ。
これらについては、あとでふれる予定です。)

　今回は、微分の概念——その意味と方法——の概略を説明いたしました。そのため、こまかい数字や、数値計算がすくなくなかったので、とくに、根気が必要だったのではないでしょうか。

　以上でおわかりのように、微分というのは、ある関数で運動している物体があるとすると、その全体の平均速度を出すのではなく、刻々と速さが変化する物体の瞬間的な速度を出すということになります。600km の距離を 3 時間で走る列車は $600 \div 3 = 200$ とやれば平均時速 200km になりますが、これは微分ではありません。なぜなら列車というものは駅を出発した頃はまだ速度が遅く、しだいに早くなって、最高速度に達したあと次の駅に近づくとふたたび速度を落としてゆるやかになりますので、その一瞬一瞬の速度が違うからです。この一瞬一瞬に変化する速度の割合い（勢い）を探り出すのが微分なのです。

　次回の勉強は、微分の応用が主な内容です。

第3回目

微分の応用

　第1回目の講座では、微分積分にとって大へん大切な関数について勉強しました。第2回目では、微分とは、どんな考えなのか、そして、計算の上ではどうするのかを勉強しました。

　勉強がだんだん進んできて、今回は、微分の応用が中心です。そこで、前回の微分の考えと計算をすこし復習しながら、本題に入ることにいたしましょう。

速度と微分

　それでは、もういちど、第1回目の講座の例題に立ちかえることにします。石を真上に投げたとき、投げた瞬間からの時間を t 秒、そのときの物体の高さを x m とすれば、x は t の次のような関数になるものと仮定しました。

$$x = -4.9t^2 + 30t$$

これは、①石の初速度　②石が到達する最高の高さを求めることが問題でした。

　そこで、まわり道になりますが、はじめに、1秒目の速度について考えてみましょう。そのために、復習も兼ねて、瞬間の速度はどう考えればよかったのかを、定義にしたがって、たどりなおしてみます。

　投げてから1秒目の石の高さは

$$-4.9 \times 1^2 + 30 \times 1 = 25.1 \quad (m)$$

です。そうして、1秒目から Δt 秒たったとき、つまり投げてから $(1+\Delta t)$ 秒目のときの石の高さは

$$-4.9(1+\Delta t)^2 + 30(1+\Delta t) \quad (m)$$

です。（Δt はデルタ・ティーと読み、ほんのわずかの時間という意味で、きまった数字ではありません。）

　だから、1秒目から Δt 秒間に動いた距離 Δx m は

$$\Delta x = -4.9(1+\Delta t)^2 + 30(1+\Delta t) - 25.1 \quad (m)$$

ですね。

　このことから、その間の速度を、単位時間の「1秒あたり」であらわすために、「速度＝距離÷時間」のフィルターに通せば

$$\frac{\Delta x}{\Delta t} = \frac{-4.9(1+\Delta t)^2 + 30(1+\Delta t) - 25.1}{\Delta t}$$

$$= \frac{-4.9\{1+2(\Delta t)+(\Delta t)^2\} + 30(1+\Delta t) - 25.1}{\Delta t}$$

$$= \frac{-4.9 - 9.8(\Delta t) - 4.9(\Delta t)^2 + 30 + 30(\Delta t) - 25.1}{\Delta t}$$

$$= -4.9(\Delta t)^2 + 20.2(\Delta t) / \Delta t$$

$$= -4.9(\Delta t) + 20.2 \quad (m/s)$$

になります。この Δt をどんどん0に近づけると、$\Delta x / \Delta t$ つまり $-4.9(\Delta t)+20.2$ は、1秒目の速度に限りなく近づくことでしたね。

　このことを記号をつかって表現すれば

$$\lim_{\Delta t \to 0} \frac{\Delta x}{\Delta t} = \lim_{\Delta t \to 0} (-4.9(\Delta t) + 20.2)$$

$$= 20.2 \quad (m/s)$$

でした。

投げ上げてから、1秒目の石の速度は、20.2m/sだと算出されたわけです。

ところで、例題は1秒目の速度ではなくて「初速度」を求めることでしたから、お話を元にもどしましょう。

さて、「初速度」とは、投げ上げた瞬間の速度のことなのです。つまり、数字で書けば、0秒目の速度のことなのです。

「初速度」の意味がわかれば、1秒目の速度を求めるときと同じようにすれば、「初速度」も求められることが、おわかりのことでしょう。

投げた瞬間は、時間 t（秒）が 0（秒）のときですから

$$x = -4.9t^2 + 30t$$

から、そのときの石の高さは

$$-4.9 \times 0^2 + 30 \times 0 = 0 \quad (m)$$

です。もっとも、計算しなくてもわかりますよね。そこから――0秒目から―― Δt 秒たつと、投げてから Δt 秒目のことですから、そのときの石の高さは

$$-4.9(\Delta t)^2 + 30(\Delta t) \quad (m)$$

です。

これが、Δt 秒間に石が動いた距離ですから

$$\Delta x = -4.9(\Delta t)^2 + 30(\Delta t)$$

です。だから、この間の速度を、単位時間の「1秒あたり」の速度であらわすためにフィルターにかけると

$$\frac{\Delta x}{\Delta t} = \frac{-4.9(\Delta t)^2 + 30(\Delta t)}{\Delta t}$$
$$= -4.9(\Delta t) + 30 \quad (m/s)$$

です。そして、Δt を、どんどん 0 に近づければ、$\dfrac{\Delta x}{\Delta t}$ ――つまり、$-4.9(\Delta t) + 30$ は、

限りなく 30 に近づきます。このことを式で書けば

$$\lim_{\Delta t \to 0} \frac{\Delta x}{\Delta t} = \lim_{\Delta t \to 0} (-4.9(\Delta t) + 30) = 30$$

というわけで、投げ上げた瞬間――0秒目の速度は、30m/sだということが、わかるわけです。

以上、1秒目と0秒目の2つの場合について、これまでの復習を兼ねて、別々に考えてみました。

が、一般的に考えれば、ある時刻 t 秒目から Δt 秒間に動いた距離を Δxm とすると、そこでの速度は $\lim\limits_{\Delta t \to 0} \dfrac{\Delta x}{\Delta t}$

つまり、$\dfrac{dx}{dt}$ であったということは、前回の第2回目の講座で、もう勉強しましたね。

そうして

$$x = -4.9t^2 + 30t$$

ならば、これを t で微分すれば

$$\frac{dx}{dt} = -9.8t + 30 \quad \left(\begin{array}{l}\dfrac{dx}{dt}\text{は}x\text{を}t\text{で微分すれば、}\\ \text{という意味で、上からディーエックス・ディーティーと読みます。}\end{array}\right)$$

になることも、機械的に計算できるようになったわけでした。もし、あやふやになっていたら、もういちど前項を復習してみて下さい。

ともかく

$$\frac{dx}{dt} = -9.8t + 30$$

ということから、t 秒目の石の速度は、$-9.8t + 30$ という t の関数だとわかりました。$-4.9t^2 + 30t$ を微分した結果である導関数 $-9.8t + 30$ が重要なのです！ ですから、1秒目の速度は、変数 t（時間 $time$ の略）が

26

1になったときのことで、$-9.8 \times 1 + 30 = 20.2$（m/s）ですね。

また、初速度は、変数 t が 0 になったときのことですから $-9.8 \times 0 + 30 = 30$（m/s）で求めることができるということです。

ついでに5秒目の速度を求めてみましょう。もちろん、変数 t が 5 になったときのことですから

$$-9.8 \times 5 + 30 = -19 \text{（m/s）}$$

です。あれあれ？ -19 m/s？ そうです。もうおわかりのように、上向きの速度が正（プラス）なら、負（マイナス）は下向きの速度のことですね。**5秒目には19m/sの速さで落下している**という意味なのです。

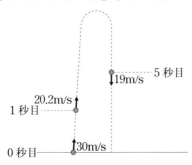

直線の傾き

では、いよいよ、微分がどのように利用され応用されているか――について、勉強をすすめることにしましょう。

$$y = ax + b$$

は、x の1次関数です。1次関数のグラフは直線になるということは、中学校でくりかえし勉強します。ところで、この式の a や b は、グラフのうえでどんな意味を演じていましたか？

b は、直線が y 軸を横切るところの目盛りだったでしょう？ それを「y切片」といいましたね。

ここで大切なのは、a の方なのです。a はこの直線の「傾き」という名前で、名前のとおり、直線の傾き具合が急か、ゆるやかか、どの程度急なのか、ゆるやかなのかを示していたでしょう？

傾き具合を、あのくらいとか、このくらいとか、手ぶりであらわしたのでは、きっちりしないので、数字で傾き具合をあらわすことにしてありました。

「傾き」が3とは、「水平距離1に対し」て、3高くなる傾きのことでしたね。この傾き具合は、もちろん、「水平距離2に対し」て6高くなる傾きともいえますし、「水平距離1.5に対し」て4.5高くなる傾きともいえます。

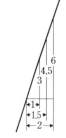

が、速さを表現するとき、単位時間――1秒あたり――で表現を統一すれば、わかりやすく便利だったのと同様、水平距離が、1.5 や 2 などでなくて、1 に対する高さ（の数字）で、傾きをあらわすことになっているのです。

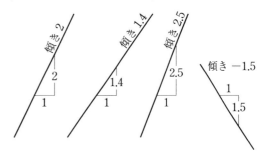

上図をごらんください。「傾き」（をあらわす数値）が正（プラス）ならば、直線は右上がり、反対に負（マイナス）ならば、右下がりです。

そうして、「傾き」の絶対値が大きいほど、傾き具合は急になることも、納得できることと思います。

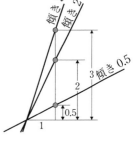

一般的に、水平距離 h に対して、k だけ高くなる直線の傾き具合は、水平距離 1 に対して、どれだけ高くなっていることなのか——つまり「傾き」（の数値）は、どれだけでしょうか？

下図をごらんください。どちらの図についても

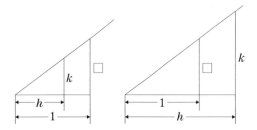

2つの相似な三角形では、対応する辺の比が等しいことから

$$\frac{\Box}{1}=\frac{k}{h}$$ （横に書けば $\Box:1=k:h$ のことです）

です。したがって

$$\Box=\frac{k}{h}$$

です。

というわけで、一般的に、水平距離 h に対して、k だけ高くなっている直線の「傾き」は $\frac{k}{h}$ だとわかりました。

つぎに、たとえば

$$y=5$$

のグラフは、x の変化に関係なく、x がどんな値に変化しても、y はいつでもどこでも 5 ですから、グラフは、x 軸からの幅が 5 である x 軸に平行な直線です。

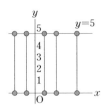

考えてみると、$y=5$ は、$y=0x+5$ ともあらわせますから、「傾き」が 0 である 1 次関数だと考えられるでしょう。

ということから、「傾き」が 0 なら、直線は x 軸と平行（水平）だということになります。

曲線の接線

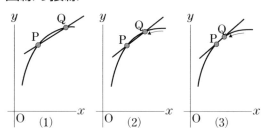

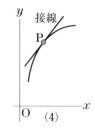

図のような曲線上に、一つの点 P を固定して下さい。次に、曲線上に、P とはちがう点 Q をとり、直線 PQ について考えてみましょう。

そのために、点 Q をさらに点 P に近づけて直線 PQ をつくって下さい。

次に、点 Q を、いっそう点 P に近づけたときの直線 PQ を見て下さい。点 Q を、どんどん点 P に近づけると、直線 PQ は、点 P での曲線の接線に近づくことが、想像できると思います。そういうわけで、点 Q を点 P に近づけた極限の直線 PQ を、点 P での曲線の接線だと定義することもできます。

接線をこのように考えることにしますと、接線の「傾き」も、たいへん考えやすくなるのです。

次の図を順番にごらん下さい。

x の増分 h に対する y の増分を k とすると、直線 PQ の傾きは $\frac{k}{h}$ ですから、点 Q を、どんどん点 P に近づけるということは、計算上は、h をどんどん 0 に近づけることですから、結局 $\lim_{h \to 0} \frac{k}{h}$ が、点 P での接線での「傾き」だと、おわかりでしょう。

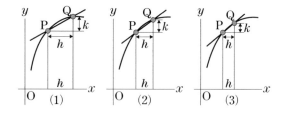

ところで、$\lim_{h \to 0} \frac{k}{h}$ は微分のことでしたね。ですから、点Pでの接線の「傾き」は、点Pでの微分であるという結論になります。

たとえば
$$y=3x^2$$
の上の、点 (1, 3) での接線の傾きは、$3x^2$ を微分すれば $6x$ ですから $x=1$ のときの $y'=6x$ は、$6×1=6$ で、6 です。

また、この曲線上の点 (−0.5, 0.75) での接線の傾きは、$x=−0.5$ のときの y' の値のことですから、$6×(−0.5)=−3$ で $−3$ です。

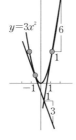

右図のように、図を正確にかいて確かめてみると、たしかに計算の通りになっていますね。

他の点でも、確かめてごらんになったら、いかがでしょうか。

接線と曲線

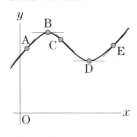

左図をごらん下さい。点Bは曲線の山頂、点Dは谷底です。山頂と谷底では接線が水平（x軸に平行）ですね。山頂や谷底でないところの接線は、水平ではありません。

ですから、グラフの山頂や谷底は、接線が水平なところだと、一応、考えてよいわけです。

山頂や谷底でないところ——たとえば、点Aや点Eのあたりは、xが増せばyもふえているところです。こういうところを、曲線は「右上がり」と呼ぶことにしましょう。では、点Cのあたりはどうでしょうか？ xが増せば、yが減っているところですね。こ

ういうところは、曲線は「右下がり」と呼べばよいでしょう。

点Aや点Eのあたりのように、曲線が右上がりのところは接線も右上がり、点Cのあたりのように、曲線が右下がりのところは接線も右下がりです。

ということは、接線の傾き（微分）が正（プラス）のところは、曲線は右上がり、反対に、接線の傾き（微分）が負（マイナス）のところは曲線は右下がりだと考えることができるということです。

さて、山頂Bのあたりはどうでしょうか？

点Bでは、接線が水平（傾き――つまり微分が0）です。点Bの左側はどうなっていますか？ 右側はどうなっていますか？ 左側は右上がり、右側は右下がりですから、接線の傾きで考えると、左側は傾き（微分）が正（プラス）、右側は傾き（微分）が負（マイナス）だとわかります。

したがって、以上を要約しますと、接線の傾き（微分）が、正→0（ゼロ）→負　の順にかわるときの、0になるところが、曲線の山頂だと判定できる――ということになります。

反対に、点Dのあたりのように、接線の傾き（微分）が、負→0→正　の順にかわるときの0になるところは、曲線の谷底だといえるわけです。

以上の一般論を
$$y=x^2-6x+11$$
でためしてみましょう。微分（接線の傾き）は
$$y'=(x^2)'-(6x)'+(11)'$$
$$=2x-6$$
ですから　$=2(x-3)$　です。

この式で、変数 x の自動変化で、y' の符号（正、負）が、どのように変化するかをし

らべると、次の表のようになります。

x	$x<3$	$x=3$	$3<x$
$x-3$ の符号	−	0	＋
$2(x-3)$ つまりy'の符号	−	0	＋

　この表から、$x=3$のところが谷底で、谷底までの距離は $3^2-6×3+11=2$であるということがわかります。

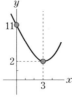

　これらのことから、曲線の概形も、右図のように描けるはずです。
　もうひとつ
　　　$y=-2x^2+4x+1$
も、しらべてみましょう。みなさんはまず、ご自分でやってみてから、続きをお読みになったらいかがでしょうか。
　微分（接線の傾き）は、
$$y'=(-2x^2)'+(4x)'+(1)'$$
$$=-4x+4$$
ですから　$=-4(x-1)$
です。xの自動変化に対するy'の符号の変化は、次の表のようになります。

x	$x<1$	$x=1$	$1<x$
$x-1$ の符号	−	0	＋
$-4(x-1)$ つまりy'の符号	＋	0	−

　この表から$x=1$で山頂、そして山頂までの高さは
　　　$-2×1^2+4×1+1=3$
ということがわかります。曲線の概形は図のようになります。

極大値、極小値

　曲線の山頂からx軸までを「極大値（きょくだいち）」、谷底からx軸までを「極小値（きょくしょうち）」といいます。
　極大値、極小値とよく混同するので注意しなくてはならないものに、最大値、最小値が

あります。図をごらん下さい。xの変化の範囲がPからQまでだとするとき、その間で、最大になるyの値が最大値、最小のyの値が最小値です。

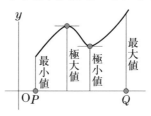

　ですから、極大値が、かならずしも最大値ではありませんし、極小値がかならずしも最小値ではありません。もちろん、極大値が最大値であったり、極小値が最小値であったりする場合もあります。
　でも、かんたんに言えば、先ほどの$y=x^2-6x+11$や　$y=-2x^2+4x+1$は2次関数ですから、グラフが放物線になるので、その極大値は最大値であり、極小値は最小値であります。もういちど、先ほどのグラフの概形をごらんになれば、はっきりすると思います。2次関数以外の関数の場合は、このようにかんたんに判断することはできません。
　2次関数のときは、次のように考えることもできるのです。
$$y=x^2-6x+11$$
を例にとってお話ししましょう。
$$y=x^2-6x+11$$
$$=x^2-6x+9+2$$
$$=(x-3)^2+2$$
のように変形して、yの変化をしらべる方法です。
　この式からyは$(x-3)^2$と2との和だと考えることができますね。そして、$(x-3)^2$は$x-3$が正でも負でも正ですから、yは2より小さくありませんね。が、$x-3$が0なら$(x-3)^2$は0で、そのときyは最小の値2になることがおわかりでしょうか？
　$x-3$が0であるのは、$x=3$のときで、そのときyは最小値2になるということが説

明できます。

このような考え方を代数的といっています。代数的に対して、微分を利用した処理を解析的（かいせきてき）といいます。

2次関数以外の3次関数や、もっと複雑な関数に対しては、代数的な方法ではうまくゆかないため、どうしても解析的な方法にたよることになります。

微分の応用

さあ、それでは、これからいくつかの例題にあたりながら、微分の応用に馴れることにしましょう。

例題1

第1回目の講座のはじめの例題にまた、立ちかえってみましょう。

真上に投げ上げた石の t 秒後の高さ x m が
$$x = -4.9t^2 + 30t$$
であらわせるならば、この石は最高何メートルの高さまで到達できるでしょうか？——という問題でしたね。

グラフの接線の傾き（微分）が、正→0→負と変化するときの0になるところが、曲線の山頂になるところでしたから、ともかく、微分してから考えましょう。すると
$$\frac{dx}{dt} = (-4.9t^2)' + (30t)'$$
$$= -9.8t + 30$$
だから $= -9.8(t - 30/9.8)$ の形に変形しておいて、$\frac{dx}{dt}$ の符号の変化をしらべれば、次の表ができます。

t	$t < \frac{30}{9.8}$	$t = \frac{30}{9.8}$	$\frac{30}{9.8} < t$
$t - \frac{30}{9.8}$の符号	−	0	+
$-9.8\left(t - \frac{30}{9.8}\right)$つまり$\frac{dx}{dt}$の符号	+	0	−
接線の方向	↗	→	↘

この表から、t が $\frac{30}{9.8}$ のとき x（高さ）は最高で、その高さは
$$-4.9 \times \left(\frac{30}{9.8}\right)^2 + 30\left(\frac{30}{9.8}\right)$$
で求められることがわかりますね。実際に計算すると、45.9ですから

答 45.9m が得られます。

例題2

$$y = x^3 - 3x^2 - 9x + 1$$

の極大値と極小値を求め、グラフの概形をかきましょう。

これを微分しますと、
$$y' = 3x^2 - 6x - 9$$
なので $= 3(x^2 - 2x - 3)$
$$= 3(x+1)(x-3)$$
ですから、この式で y' の符号の変化をしらべると、次の表のようになります。

x	$x < -1$	$x = -1$	$-1 < x < 3$	$x = 3$	$3 < x$
$x+1$ の符号	−	0	+	+	+
$x-3$ の符号	−	−	−	0	+
だから$(x+1)(x-3)$の符号は	+	0	−	0	+
$3(x+1)(x-3)$つまりy'の符号	+	0	−	0	+
接線の方向	↗	→	↘	→	↗

この表から、$x = -1$ で極大値になり、その値は
$$(-1)^3 - 3 \times (-1)^2 - 9 \times (-1) + 1 = 6$$
で、$x = 3$ で極小値の
$$3^3 - 3 \times 3^2 - 9 \times 3 + 1 = -26$$
になることがわかりますね。

また、$x = 0$ のときは $y = 1$ ですから、以上の材料から、次のようなグラフの概形もかけるでしょう。

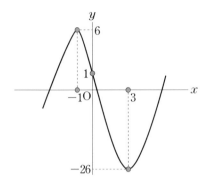

例題 3

幅が 30cm のブリキ板の両端を同じ長さで直角に折り曲げてトイをつくるのに、断面積を最も大きくするためには、両端を何 cm ずつ折り曲げればよいでしょうか。

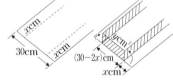

求める長さ、つまり折り曲げる長さを x cm としたときのトイの断面積を y cm² とすると、y は x の次のような関数になりますね。

$$y = x(30-2x)$$

なので $= -2x^2 + 30x$

です。だから

$$y' = -4x + 30$$

なので $= -4(x-7.5)$ と変形できますから、y' の符号の変化は次の表のようになります。

x	$x<7.5$	$x=7.5$	$7.5<x$
$x-7.5$ の符号	−	0	+
$-4(x-7.5)$ つまり y' の符号	+	0	−
接線の方向	↗	→	↘

表から、$x=7.5$ のとき、断面積 y は最大になることがわかりますから、<u>答 7.5cm</u> です。

例題 4

1 辺 12cm の正方形の 4 隅から、同じ大きさの正方形を切り取って、ふたのない直方体の箱を作ろうと思います。この箱の容積が最大になるようにするには、4 隅から切り取る正方形の 1 辺の長さを何 cm にすればよいでしょうか。

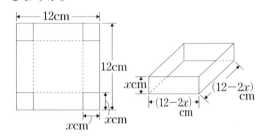

4 隅から切り取る正方形の 1 辺の長さを x cm、箱の容積を y cm³ としますと、y は次のように、x の関数であらわせますね。

$$y = (12-2x)^2 x$$

展開すると $= (144 - 48x + 4x^2)x$

  $= 4x^3 - 48x^2 + 144x$

です。微分しますと

$$y' = 12x^2 - 96x + 144$$

ですから $= 12(x-2)(x-6)$

となります。

これから、y' の符号の変化を、下の表のようにしらべることができます。

x	$x<2$	$x=2$	$2<x<6$	$x=6$	$6<x$
$x-2$ の符号	−	0	+	+	+
$x-6$ の符号	−	−	−	0	+
$(x-2)(x-6)$ の符号	+	0	−	0	+
$12(x-2)(x-6)$ つまり y' の符号	+	0	−	0	+
接線の方向	↗	→	↘	→	↗

この表から、$x=2$ で y は極大値となり、その値は

$$(12-2\times 2)^2 \times 2 = 8^2 \times 2 = 128$$

で、$x=6$ で y は極小値となり、その値は

$$(12-6\times 2)^2 \times 6 = 0^2 \times 6 = 0$$

であることがわかりますので、グラフの概形を次の図のようにかくこともできますね。

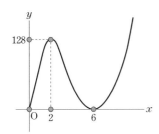

グラフをよくごらん下さい。y の値は、極大値よりも大きくなるところがありますから、極大値がわかったからといって、極大値を直ちに最大値だと考えてはいけません。

この場合は、切り取る正方形の1辺の長さを $x$cm としたのですから、x は負（マイナス）ではありません。

だから $0 < x$ です。

そのうえ、1辺12cmの両端から $x$cm ずつ切り取るのですから、x は6より大きくなれません。

だから、$x < 6$ です。

つまり、この場合の x は、$0 < x < 6$ の範囲で考えることになりますから、それなら、その範囲での y の最大値は極大値と一致していると判断してよいことになります。というわけで、答 2cm です。

例題5

物を自然に落としたとき、落下した距離を xm、その間の時間を t 秒とすると

$$x = 4.9t^2$$

という関係があります。

落下の速度を Vm/s とすると、すでにご承知のとおり

$$V = \frac{dx}{dt}$$

で、もちろん t の関数です。

速度 V の、ある瞬間の変化を加速度といいます。したがって加速度は

$$\frac{dv}{dt}$$

のことです。

この場合の加速度の単位は、「m毎秒毎秒」とか、「m/秒^2」とか「m/s^2」であらわします。

では、上の、$x = 4.9t^2$ のときの加速度を求めましょう。

$$V = \frac{dx}{dt}$$

ですから $= (4.9t^2)'$
$= 9.8t$ （m/s）

です。

加速度は

$$\frac{dv}{dt}$$

ですから $= (9.8t)'$
$= 9.8$ （m/s^2）

です。

次から積分に入ります。

第4回目

積分について

積分にはいる前に

　今回は積分の説明にはいります。積分というのは微分の逆だとよくいわれていますので、微分が理解できていれば積分もすぐにわかるはずです。これは曲線で囲まれた面積を計算したりする場合によく応用される実に便利な計算法ですから、ぜひ身につけてください。たとえば下の図Aのような直線で囲まれた三角形ならば（底辺×高さ）割る2という公式で小学生でもかんたんに答が出せますが、図Bのようなものになると、そうはいきません。ところが積分を応用すると、この面積が正確にピタリと出るのですから愉快です。

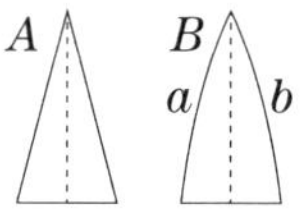

　ただし、この場合は線a、bが関数をあらわす曲線でないとだめで、デタラメな曲線では積分の神通力が発揮できませんから、関数というものがまだよくわからない人は、もう1度1回目の講座を読んで勉強し直してください。そしてx軸とy軸とで作られるグラフの性質と、グラフで描かれる関数をあらわす曲線の意味をよく理解して下さい。フランスの哲学者で数学者でもあったデカルトが考案したといわれるグラフが、いかに重要なものであるかがこれでわかってくるでしょう。上の図Bもよく考えれば、タテの点線はy軸でx軸は底辺とみなせるわけで、曲線aはyのxに対する関数の曲線とみなせます。つまりこの図Bを下の図Cのようにサカサにしてみればよいのです。

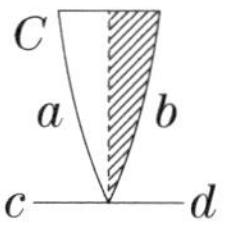

　そうすると下の線分cdがx軸となり、タテの点線はy軸とみなせますから、曲線aはそのグラフで描かれた$y=x^2$かあるいは$y=x^3$とかいうような関数となりますので（ただし最初からこのような一定の関数になっているものとします。つまりデタラメな曲線ではないということです）、これを応用して積分でまず右の斜線の部分の面積を出し、それを2倍すれば全体の面積が出せるというわけです。これは積分のほんの初歩にすぎませんが、断面が図Cになるようなロケットの体積をこれをもとにして出せるのです。

　積分の記号には$\int$という記号を用いますが、これは「総和」を意味する英語のSumの頭文字Sを引き伸ばして作ったものです。この記号がゴロゴロ出てくる数式を用いて計算できるようになると、自分がエラクなったような気がして、数学の学習にも実がはいります。（たしかにあなたはそれだけの知識がついてエラクなったのです！）

　$\int$の記号はいかにもむつかしそうに見えますがわかってしまえばナーンダ！というようなかんたんなものです。さあ、それでは積分の勉強を始めましょう。

定数の積分

秒速6mの等速度で走る自動車が、出発後、3秒目から10秒目までの7秒間に走った距離は

6(m)×7=42(m)

ですね。このことを、目で見えるようにグラフにしてみましょう。x軸（横軸）を時間（秒）にとり、y軸（縦軸）を速度（m/s）にとります。

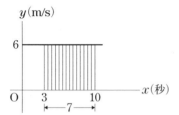

すると、6×7は、図の影の部分（長方形）の面積ですから、自動車が走った距離42mは、長方形の面積であらわせることがわかります。

これから、だんだん説明をしてゆきますが、「積分」とは、かんたんに言えば、この面積のことなのです。この場合、速度yを時間xで積分したといい、記号で$\int y dx$と書いて「インテグラル・ワイ・ディー・エックス」と読むことにしています。

しかも、時間は3秒目から10秒目までしたから、このことを$\int y dx$に

$$\int_3^{10} y dx$$

のようにつけ加えます。読みかたは、「インテグラル、3から10まで、ワイ・ディー・エックス」です。

そういうわけで、結論だけを、積分の記号であらわせば、$\int_3^{10} y dx = 42$

というわけです。

また、この場合は $y=6$ ですから、この式は

$$\int_3^{10} 6 dx = 42$$

と書いてもよいことになります。この$\int_3^{10} 6 dx = 42$を普通のことばに翻訳すれば、「6を3から10まで積分すれば、42です」ということになります。

それでは、こんどは、はじめから最後まで同じ速度のときでなくて、ときどき速度に変化がある場合のときを考えてみましょう。

自動車が、出発してから10秒目までは6m/sで走り、10秒目から15秒目までは4m/sで走り、15秒目以後は8m/sの速さで走ったとしましょう。この自動車は、出発後の3秒目から21秒目までの18秒間に、何m走ったでしょうか？

　3秒目から10秒目までは　6m/sで7秒間
　10秒目から15秒目までは　4m/sで5秒間
　15秒目から21秒目までは　8m/sで6秒間

ですから、3秒目から21秒目までに走った距離は、

6(m)×7+4(m)×5+8(m)×6
=42(m)+20(m)+48(m)
=110(m)

ですね。グラフにしますと、この110mは、

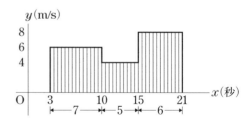

図の影の部分の面積のことで、これは、y（速度）を、x（時間）で3から21まで積分したものという約束でしたから、積分の記号で

$$\int_3^{21} y dx = 110$$

と書いてよいわけです。
　ところが、こんどは、
x が 3 から 10 までは $y=6$
$x=10$ から 15 までは $y=4$
x が 15 から 21 までは $y=8$
ですから、3つの長方形に分かれて
$$\int_3^{21} y dx = \int_3^{10} 6 dx + \int_{10}^{15} 4 dx + \int_{15}^{21} 8 dx$$
となり、
$$=42+20+48$$
$$=110$$
のように、3つの積分（長方形の面積のこと）の和と考えればよいことになります。

関数の積分

　こんどは、速度 y（m/s）が、時間 x（秒）の、次のような関数になっているとき、出発後3秒目から5秒目までの2秒間に、自動車が走った距離を考えてみましょう。
$$y=2x$$
とします。

　式からおわかりのように、時間 x は連続変数ですから、したがって、速度 y（m/s）も連続に変化します。さきほどの例とはちがって、等速度で走る部分は1ヵ所もありません。

　この場合、自動車が走った距離――つまり、積分――は、どう考えればよいでしょう。

　時間 x（秒）と速度 y（m/s）との関係を示すグラフは、次の第1図です。

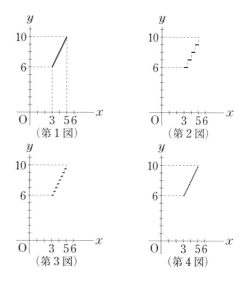

　本当は、等速度の部分は1ヵ所もないのですが、こきざみな等速運動をよせ集めれば、本物とそっくりになると考えるのです。

　たとえば、第2図は、0.5秒間隔ずつの等速度のよせ集めのグラフで、第3図は、0.25秒間隔ずつのグラフです。第4図は、もっともっと、間隔をこきざみにした等速度の運動のよせ集めたグラフです。

　この考えを、いっそうおしすすめて、きざみ具合をどんどん0に近づけ、全体を「無限に小さい瞬間のつながり――よせ集め」だと考えれば、結局、本物の、$y=2x$ に一致することが証明されます。

　第2図のような、0.5秒間隔の等速度で自動車が走ったとすれば、3秒目から5秒目までの2秒間の距離は3秒目から3.5秒目までの0.5秒間は6m/sで
3.5秒目から4秒目までの0.5秒間は7m/sで
4秒目から4.5秒目までの0.5秒間は8m/sで
4.5秒目から5秒目までの0.5秒間は9m/sで
走っているわけですから
$$6\times0.5+7\times0.5+8\times0.5+9\times0.5$$
$$=\ \ 3\ \ +\ \ 3.5\ \ +\ \ 4\ \ +\ \ 4.5$$
$$=15(\text{m})$$

で、グラフでは、右の影の部分の面積であらわせます。これは、この場合の積分のことでしたね。

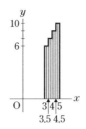

第3図のように、0.25秒間隔の等速度のよせ集めになっているときは、この2秒間に走った距離は、

3　秒目から3.25秒目までの0.25秒間 6m/s で
3.25秒目から3.5秒目までの0.25秒間 6.5m/s で
3.5 秒目から3.75秒目までの0.25秒間 7m/s で
3.75秒目から4秒目までの0.25秒間 7.5m/s で
4　秒目から4.25秒目までの0.25秒間 8m/s で
4.25秒目から4.5秒目までの0.25秒間 8.5m/s で
4.5 秒目から4.75秒目までの0.25秒間 9m/s で
4.75秒目から5秒目までの0.25秒間 9.5m/s で

走ったことになるので、

$6\times0.25+6.5\times0.25+7\times0.25+7.5\times0.25$
$+8\times0.25+9\times0.25+9.5\times0.25$
$=1.5+1.625+1.75+1.825+2+2.125+$
$2.25+2.375=15.5(m)$

で、右図の影の部分の面積のことです。つまり、これが、この場合の積分です。

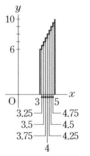

以上のことから、本物の積分である $\int_3^5 (2x)dx$ は、次の図の影の部分の面積のことだということが推察できることと思います。

ですから $\int_3^5 (2x)dx$ の本物の積分は結局、図の台形の面積になりますから

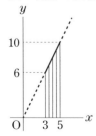

$\int_3^5 (2x)dx = \dfrac{2(6+10)}{2}$
$= 16(m)$

です。

同じように考えて、もし、速度 y(m/s) が時間(秒)の関数で

$y = 3x^2$

であるならば、3秒目から5秒目までの2秒間に走った距離——積分——は、

$\int_3^5 (3x^2)dx$ であらわし、やはり

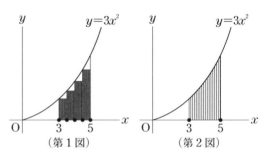

第1図のように、幅が無限に小さい、無数の長方形面積のよせあつめ——和——の極限と考えますから、結局、第2図の影の部分の面積になるのです。求め方はあとで説明しますが、この面積は98なので、正しく書けば

$$\int_3^5 (3x^2)dx = 98$$

です。

一般的に、y が x の関数で

$y = f(x)$

であるとき、$x=a$ から $x=b$ までの積分は

（このaとbとかは、何かの数字を仮にあらわした記号ですから、どんな数字をあてはめてもかまいません）

$\int_a^b f(x)dx$ （インテグラル・a から b まで・エフ・エックス・ディー・エックスと読みます）

であらわし、グラフでは、図の影の部分の面積を意味します。

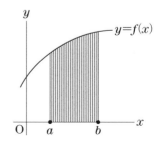

定積分

さて、関数 $y=f(x)$ を、ある点 a から積分したらその結果は面積であらわせることがわかりました。

a から b までの積分 $\int_a^b f(x)dx$ は下図の面積 A で、a から c までの積分 $\int_a^c f(x)dx$ は下図の面積 B ですね。

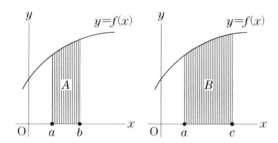

a からの積分の結果である面積 A や B は、a から、どこまでか——たとえば、b までとか、c までとか——に対応してきまっていますね。

ということは、a から任意の x までの積分——つまり面積——は、x のある関数だといえますから、これを $F(x)$ と書いてみましょう。

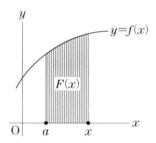

上図で $\int_a^x f(x)dx = F(x)$ とおいたわけです。

x の関数だから $F(x)$ とおいただけで、$F(x)$ が、どんな形の関数なのかは、まだ不明です。そこで、これから関数 $F(x)$ の正体を追及しようと思います。

a から x までの積分 $\int_a^x f(x)dx$ は、x の関数 $F(x)$ でしたから、x よりも、Δx だけ大きい $x+\Delta x$ までの積分の結果である $\int_a^{x+\Delta x} f(x)dx$ は $F(x+\Delta x)$ ということになります。

(この Δ はギリシャ文字のデルタで、「ほんのわずかの」というような意味です。Δx はデルタ・エックスと読みます)

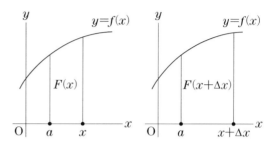

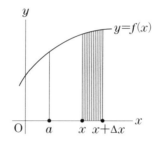

したがって、左図の影の部分——x と $x+\Delta x$ の間にはさまれた面積——は、
$F(x+dx) - F(x)$
ですね。

ところが、この面積は、下の左図でおわかりのように、$f(x)$ と Δx を2辺とする長方形の面積より小さくはありませんから、

$F(x)(\Delta x) \leqq F(x+\Delta x) - F(x)$
　　　　　　　　　………… (1)

です。

同ように、下の右図でおわかりのように
$F(x+\Delta x) - F(x) \leqq f(x+\Delta x)(\Delta x)$
　　　　　　　　　………… (2)

です。

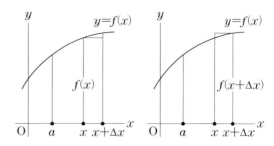

だから、(1) 式と (2) 式から
$$f(x) \cdot (\Delta x) \leqq F(x+\Delta x) - F(x) \leqq$$
$$f(x+\Delta x) \cdot (\Delta x)$$
が得られます。

$\Delta x > 0$ ですから、この式を Δx で割ると
$$f(x) \leqq \frac{F(x+\Delta x) - F(x)}{\Delta x} \leqq f(x+\Delta x)$$
$$\cdots\cdots\cdots\cdots (3)$$
になります。

ですから、Δx がきわめて微小なときのことを考えるには、(3)式の Δx を、どんどん 0 に近づければよいわけです。

そうすると、$f(x)$ は Δx には関係ありませんから、そのまま $f(x)$ で、真中の $\frac{F(x+\Delta x) - F(x)}{\Delta x}$ は $F'(x)$ ──つまり $F(x)$ の微分になり、右側の $f(x+\Delta x)$ は、Δx が、いくらでも 0 に近づくのですから $f(x)$ になってしまいます。というわけで、Δx をどんどん 0 に近づけると、(3)式は
$$f(x) \leqq F'(x) \leqq f(x)$$
という結果になります。この結果は、
$$F'(x) = f(x)$$
であることを示すものです。

この式の意味は、a から x までの $f(x)$ の積分 $\int_a^x f(x)dx$ は x の関数だから一応 $F(x)$ とおいてみたところ、この $F(x)$ の正体は、微分したら $f(x)$ になるモノである──ということです。

（ここでは、x の近くで $f(x)$ が増加している場合を例にとって説明しましたが、反対に、x の近くで $f(x)$ が減少している場合でも、不等号が逆向きになるだけで、同じ結論になります。）

たとえば、
$f(x)$ が 6 のときは、$(6x)' = 6$ ですから
$$\int_a^x 6dx = 6x$$

$f(x)$ が $2x$ のときは、$(x^2)' = 2x$ ですから
$$\int_a^x (2x)dx = x^2$$

$f(x)$ が $3x^2$ のときは、$(x^3)' = 3x^2$ ですから
$$\int_a^x (3x^2)dx = x^3$$
などという意味です。

もうすこしくわしく上の式の意味を説明しますと、
$$\int_a^x 6dx = 6x$$
ですから、$\int_a^3 6dx = 6 \times 3$、$\int_a^{10} 6dx = 6 \times 10$ ということで、

また、$\int_a^x (2x)dx = x^2$
$$\int_a^x (3x^2)dx = x^3$$
ということは、$\int_a^3 (3x^2)dx = 3^3$、$\int_a^5 (3x^2)dx = 5^3$ などということです。

ここで、秒速 6m の自動車が 3 秒目から 10 秒目まで走った距離を求めた、はじめの例をもういちどふりかえって下さい。

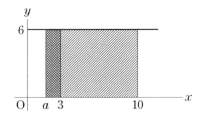

求める距離は、図のように、3 と 10 ではさまれた面積であって、記号 $\int_3^{10} 6dx$ であらわす約束でした。

a を任意にきめれば、図から次のことも容易におわかりになることと思います。

すなわち
$$\int_3^{10} 6dx = \int_a^{10} 6dx - \int_a^3 6dx$$

これは前述のように
$$=6×10-6×3$$
ですから　　$=60-18$
$$=42$$
となります。

ところで、上式のアンダーラインの部分 $6×10-6×3$ は、$6x$ での、$x=10$ と $x=3$ のときの差のことですね。このことを、記号で $[6x]_3^{10}$ と書きます。この記号をつかうと
$$\int_3^{10} 6\,dx = [6x]_3^{10}$$
となりますから、あとは記号 $[\ ]_3^{10}$ の約束通り計算して
$$=6×10-6×3$$
$$=60-18$$
$$=42$$
とすればよいでしょう。このようにすれば「a から○○まで」と、任意にきめた a は、計算の中で相殺されるので、機械的な計算 $[\ ]_3^{10}$ にはあらわれてこないことも、もう、おわかりでしょうか。

速度 $y(\text{m/s})$ が、時間 $x(秒)$ の関数 $y=2x$ であるときの自動車が3秒目から5秒目までに走った距離——についても、あらためて考えてみましょう。

求める距離——積分は $\int_3^5 (2x)\,dx$ でした。

まだ十分なれていないので、任意の a をきめて考えますと、図からおわかりのように
$$\int_3^5 (2x)\,dx = \int_a^5 (2x)\,dx - \int_a^3 (2x)\,dx$$
で、前述の通り
$$=5^2-3^2$$
$$=25-9$$
$$=16$$
が求められます。

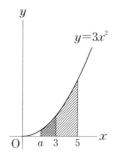

でも、せっかく、$(x^2)'=2x$ であることも、$[\ ]_3^5$ の記号も勉強したのですから、それをつかえば
$$\int_3^5 (2x)\,dx = [x^2]_3^5$$
$$=5^2-3^2$$
$$=16$$
という調子で機械的に求めることができます。

さいごに、速度 $y(\text{m/s})$ が、時間 $x(秒)$ の関数
$$y=3x^2$$
であるとき、3秒目から5秒目までに自動車が走った距離——についても再度、考えてみましょう。

求める距離——積分は $\int_3^5 (3x^2)\,dx$ ですね。

任意の a をきめて考える考えは、図で理解していただき、ここでは、機械的な計算だけを紹介することにいたします。

すると、
$$\int_3^5 (3x^2)\,dx = [x^3]_3^5$$
$$=5^3-3^3$$
$$=125-27$$
$$=98$$

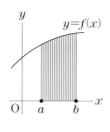

以上、勉強してきましたように、関数 $y=f(x)$ があるとき、図のように、曲線と x 軸とではさまれた a から b までの面積を
$$\int_a^b f(x)\,dx$$
と書いて積分といいましたが、実は、こういう積分は、「定積分」というのです。

不定積分

一方、これも先ほど勉強しましたが、微分したら $f(x)$ になるような関数 $F(x)$ を求めること——微分の逆関数を求めること——を、単に $\int f(x)dx$ と書き、これを「不定積分」といいます。

たとえば、前述のように

$$\int 6dx = 6x$$

$$\int 2xdx = x^2$$

$$\int 3x^2dx = x^3$$

などを、不定積分というのです。ただし不定積分の場合は、「積分定数」というものがあらわれるのですが、しばらくの間、それにはふれないでおくことにしておきます。

不定積分の公式

$\frac{1}{n+1}x^{n+1}$ を微分すると、どうなりましたか？ 一緒に計算してみましょう。

$$\left(\frac{1}{n+1}x^{n+1}\right)' = \frac{1}{n+1}(x^{n+1})'$$
$$= \frac{1}{n+1} \times \{(n+1)x^{(n+1)-1}\}$$
$$= \frac{1}{n+1} \times (n+1)x^n$$
$$= x^n$$

でした。

これから、微分したら x^n になるモノは $\frac{1}{n+1}x^{n+1}$ だとわかりましたから、

$$\int x^n dx = \frac{1}{n+1}x^{n+1}$$

という公式が得られます。

この公式の意味は、たとえば、

n が2のときは、$\int x^2 dx = \frac{1}{2+1}x^{2+1} = \frac{1}{3}x^3$

また

n が3のときは、$\int x^3 dx = \frac{1}{3+1}x^{3+1} = \frac{1}{4}x^4$

などということです。

特別な場合として、$\int xdx$ は、公式の n が1と考えて、$\int xdx = \int x^1 dx$ ですから、

$$= \frac{1}{1+1}x^{1+1} = \frac{1}{2}x^2$$

とすればよいし、

$\int dx$ は、$\int 1dx$ と考えれば、公式の n が0のときにあてはまりますから、

$$\int dx = \int 1dx = \int x^0 dx = \frac{1}{0+1}x^{0+1}$$
$$= \frac{1}{1}x^1 = x$$

と考えればよいわけです。

つぎに、a を定数とすると、

$$\int af(x)dx = a\int f(x)dx$$

という性質があって、これも公式として覚えておいた方が便利です。

たとえば

$$\int 6x^2 dx = 6\int x^2 dx = 6 \times \left(\frac{1}{3}x^3\right) = 2x^3$$

とか、

$$\int 8x^3 dx = 8\int x^3 dx = 8 \times \left(\frac{1}{4}x^4\right) = 2x^4$$

などです。

なお

$$\int 4xdx = 4\int xdx = 4 \times \left(\frac{1}{2}x^2\right) = 2x^2$$

や、

$$\int 6dx = 6\int dx = 6 \times (x) = 6x$$

なども、この公式の利用です。
　いまひとつ、公式として、
$$\int \{f(x)+g(x)\}dx$$
$$=\int f(x)dx+\int g(x)dx$$
$$\int \{f(x)-g(x)\}dx$$
$$=\int f(x)dx-\int g(x)dx$$
をあげておく必要があります。
　つまり
$$\int (12x^2-10x+6)dx$$
$$=\int 12x^2-\int 10xdx+\int 6dx$$
となりますよ——ということです。したがって
$$=12\int x^2dx-10\int xdx+6\int dx$$
$$=12\times \frac{1}{3}x^3-10\times \frac{1}{2}x^2+6\times x$$
$$=4x^3-5x^2+6x$$
が、求める結果です。
　微分の勉強のとき、
$(f(x)\times g(x))'=f'(x)\times g'(x)$ としたり
$\left(\dfrac{f(x)}{g(x)}\right)'=\dfrac{f'(x)}{g'(x)}$ にしては、絶対いけませんと注意したのと同じく
$$\int \{f(x)\times g(x)\}dx \quad \text{を}$$
$$\int f(x)dx \times \int g(x) \text{としたり}$$
$$\int \frac{f(x)}{g(x)}dx \quad \text{を} \quad \frac{\int f(x)dx}{\int g(x)dx(x)} \quad \text{などと}$$
しては、絶対いけません。
　たとえば

$$\int (x^2\times x^3)dx \quad \text{を} \int x^2dx \times \int x^3dx$$
$$=\frac{1}{3}x^3\times \frac{1}{4}x^4=\frac{1}{12}x^7$$
などとしてはいけないということです。考えてみれば
$$\int (x^2\times x^3)dx=\int x^5dx=\frac{1}{5+1}x^{5+1}$$
$$=\frac{1}{6}x^6 \quad \text{ですから、結果が一致しませんね。}$$

積分の考えかた

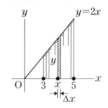

直線 $y=2x$ と x 軸の間で、x の3と5にはさまれた部分の面積は、幅が微小 (Δx) な無数の長方形の和の極限だと考えました。

　ある任意の x の所にできる長方形は、タテが y でヨコが Δx ですから、面積は $y\cdot \Delta x$ です。Δx を、どんどん0に近づければ、理想的に細い長方形になります。このような理想的に細い長方形が、3から5までの間に、ぎっしりならんでいるわけで、求める面積は、それらの和です。かんたんに言いますと、$y\cdot \Delta x$ の Δx を理想的に小さくしたものの全部の和のことを $\int ydx$ と書くと考えてさしつかえありません。ここでは、3から5までですから、$\int_3^5 ydx$ と書くことになります。そして、$y=2x$ ですからこの場合は、$\int_3^5 ydx$
$=\int_3^5 2xdx$ です。

記号 $\int$ は、英語の *Sum*（総計、和）の頭文字の記号化です。

$y=3x^2$ のときも、3から5までの例の面積については、全く同じです。

任意の x の所にできる幅 Δx の長方形の面積は $y \cdot \Delta x$ で、この幅 Δx を理想的に小さくした上での全部の長方形の面積の和のことですから、求める面積は

$$\int_3^5 y\,dx$$

で、$y=3x^2$ ですから

$$=\int_3^5 3x^2\,dx$$

となり、機械的に計算を続ければ、下のようになります。

$$=[x^3]_3^5$$
$$=5^3-3^3$$
$$=98$$

つぎに、回転体の体積について説明しますが、回転体の体積についてもいままでと同じようにかんたんに考えればよいのです。

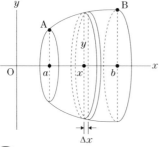

曲線 $\overarc{AB}$ が x 軸のまわりを回転してできる回転体をごらんください。x 軸に垂直な平面で、うすくうすく輪切りにしたものを考えれば、その一枚一枚は、厚みのうすい円板（高さが微小な円柱）だと考えられます。

理想的にうすい円板の体積の和が、回転体の体積と考えるわけです。

任意の x のところでできる円板の半径は y ですから、円（底面）の面積は πy^2 ですね。そうして、厚みを Δx とすると、その円板の体積は $\pi y^2 \Delta x$ です。Δx をどんどん0に近づけて、円板の厚みを理想的にうすくして、これらを全部よせ集めれば、図の体積は

$$\int_a^b \pi y^2\,dx$$

つまり

$$\pi \int_a^b y^2\,dx$$

である——と考えるわけです。

この考え方で、回転体のひとつ、円すいの体積を求めてみましょう。

直線 $y=\dfrac{1}{2}x$ を、x 軸のまわりに回転したときできる円すいを例にとりましょう。

円すいの高さを6とします。すると、この円すいは底面の半径が3で高さが6の円すいですから、この体積は、円すいの体積の公式

体積 = 底面積 × 高さ × $\dfrac{1}{3}$

で求められますね。

計算してみると

$$3^2\pi \times 6 \times \dfrac{1}{3}$$
$$=18\pi$$

です。

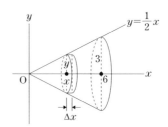

が、体積の公式にあらわれる $\times\dfrac{1}{3}$ は、中学校で実験的にはたしかめましたが、なぜなのかについて、あまりさだかではありませんでしたね。

さて、図をごらん下さい。

任意の x での円板の半径は y で、微小な

厚さは Δx としましょう。すると、この円板の体積は $\pi y^2 \Delta x$ です。

しかも、$y=\frac{1}{2}x$ ですから、円板の体積 $\pi y^2 \Delta x$ は

$$\pi\left(\frac{1}{2}x\right)^2 \Delta x = \frac{1}{4}\pi x^2 \Delta x$$

になります。

したがって、先ほど説明しましたように、この円すいの体積は

$$\int_0^6 \frac{1}{4}\pi x^2 dx$$

で求められます。計算を続けますと、

$$=\frac{1}{4}\pi \int_0^6 x^2 dx$$
$$=\frac{1}{4}\pi \times \left[\frac{1}{3}x^3\right]_0^6$$
$$=\frac{1}{4}\pi \times \left(\frac{1}{3}\times 6^3 - \frac{1}{3}\times 0^3\right)$$
$$=\frac{1}{4}\pi \times \frac{1}{3}\times 6^3$$
$$=18\pi$$

となって、公式で求めた答えと一致しますね。

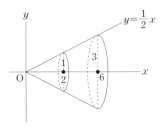

ついでに、同じ図で考えた円すい台の体積についても考えてみましょう。

図のような、両底面の半径が、それぞれ1と3で、高さが4の円すい台とします。

この場合の体積も、全く同じ考えから

$$\int_2^6 \frac{1}{4}\pi x^2 dx$$

で求められることが、おわかりでしょうか。

計算を続けますと

$$=\frac{1}{4}\pi \int_2^6 x^2 dx$$
$$=\frac{1}{4}\pi \times \left[\frac{1}{3}x^3\right]_2^6$$
$$=\frac{1}{4}\pi \times \left(\frac{1}{3}\times 6^3 - \frac{1}{3}\times 2^3\right)$$
$$=\frac{1}{4}\pi \times \frac{1}{3}\times 208$$
$$=\frac{52}{3}\pi$$

となりました。

回転体の体積が、積分でかんたんに求められることが、ほぼ、なっとくできたでしょうか。

回転体といえば、球も、円を直径のまわりに回転させてできる回転体でしたね。半径 r の球の体積は、

$$\frac{4}{3}\pi r^3$$

で、理由はともかく、丸暗記でおぼえてきました。

ここまで勉強してきたのですから、積分で計算できないものでしょうか。

図は、半径 r の半球の図です。半球の体積を求めて2倍すれば球の体積ですから、まず、半球の体積を求めてみましょう。

例によって、x のところでできる円板を考えますとその半径 r は、三平方の定理から

$$y^2 = r^2 - x^2$$

です。厚みを Δx とすると、円板の体積は

$$\pi y^2 \Delta x$$

ですから $\pi(r^2-x^2)\Delta x$ です。

ですから、半球の体積は

$$\int_0^r \pi(r^2-x^2)dx$$

でよいですね。計算を続行しますと

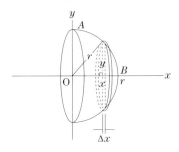

$$=\pi\int_0^r (r^2-x^2)dx$$
$$=\pi\left\{\int_0^r r^2 dx - \int_0^r x^2 dx\right\}$$
$$=\pi\left\{r^2\int_0^r dx - \int_0^r x^2 dx\right\}$$
$$=\pi\left\{r^2[x]_0^r - \left[\frac{1}{3}x^3\right]_0^r\right\}$$
$$=\pi\left\{r^2(r-0)-\left(\frac{1}{3}r^3-\frac{1}{3}\times 0^3\right)\right\}$$
$$=\pi\left\{r^3-\frac{1}{3}r^3\right\}$$
$$=\frac{2}{3}\pi r^3$$

球の体積は、その2倍ですから

$$\frac{2}{3}\pi r^3\times 2$$

で $\frac{4}{3}\pi r^3$ となり、これまでの丸暗記の結果を、なっとくされたことと思います。

積分定数

不定積分のところで、たとえば、$\int 6dx$ とは、微分したら6になるモノのこと、つまり、$6x$ のことですと、一応、のべておきましたが、注意深い方は、もうお気づきのように

　$6x$

もそうですが、

　$6x+3$
　$6x-2$
　$6x+1.5$
　$6x+\sqrt{3}$

なども、みんな、微分すれば6ですから、

$$\int 6dx = 6x$$

としては、少々、不確実だということになります。正確には、

$$\int 6dx = 6x + 定数$$

でなくてはなりません。

「定数」と漢字で書くのはめんどうなので、この定数を c であらわして

$$\int 6dx = 6x + c$$

とするのが普通です。そして、この c を積分定数というのです。

出発点 ├─3m─●──6xm──────●
出発点 ├──4m──●──6xm─────●

秒速6mの自動車の x 秒後の位置を求めるとき、はじめ、自動車が出発点からすでに3m進んでいたとすれば、x 秒後の位置は出発点から

　$6x+3$ (m)

のところでありますし、はじめ、出発点から4m進んでいたとすれば、x 秒後の位置は出発点から

　$6x+4$ (m)

です。

ですから、前者の場合は

$$\int 6dx = 6x+3$$

であり、後者の場合は

$$\int 6dx = 6x+4$$

となりますように、積分定数 c は、はじめの条件できまる値なので、「初期条件」ともいいます。

たとえば、速度 y (m/s) が、時間 x (秒) の関数 $y=2x$ で走る自動車が、はじめ、出発点から8m進んでいたとすれば、x 秒後の自動車の位置はどこでしょうか──という問題を考えてみましょう。

求める位置は、出発点から

$$\int 2xdx$$

ですから

$$\int 2x\,dx = x^2 + c \cdots\cdots(1)$$

です。ところが、x（秒）＝0（秒）のとき、自動車の位置は出発点から 8m のところですから

$0^2 + c = 8$

∴ $c = 8$

です。したがって（1）式は

$$\int 2x\,dx = x^2 + 8 \cdots\cdots(2)$$

となり、これが求める位置です。

このように、不定積分にはかならず積分定数をつけなければ正確とはいえません。初期条件が与えられていれば、c はある値に決定されますが、そうでない場合も、一般的には c をつけ加えておいてください。

おわりに

以上で一応この「中学生にもわかる微分積分」を終わります。紙面の都合であまり詳細な説明ができず、初歩の段階で打ち切ることになったのは残念ですが、今までの講座をよく勉強された方は微分と積分の根本的な理論はよくわかったはずです。これさえわかればあとは他の参考書を読んで、もっと高度な微積分の知識を身につけることができると思います。なんといっても数学はあらゆる科学の基礎になる重要な学問であり、特に微分積分は大切ですから、理科系の道を進もうとする人は必ずマスターする必要があります。しっかり勉強して、燃料を用いない画期的なエンジンでも発明して、宇宙旅行を容易にするような科学者になる人が、この講座の読者から出てくることを期待しています。

著者略歴

三好要市（みよし・よういち）

1926 年 5 月	島根県鹿足郡津和野町生まれ。
1942 年 12 月	海軍兵学校入校（七五期）。
1945 年 8 月	敗戦により帰郷。
1945 年 11 月	宇部高専機械科（現山口大・工学部）二年に編入。
1947 年 4 月	東京大学工学部にて補手。
1948 年 3 月	東京物理学校数学科卒業。
1950 年 5 月	東京都足立区立第一中学校教諭。
1964 年 4 月	東京都足立区立江南中学校教諭。
1976 年 4 月	東京都足立区立第十一中学校教諭。
1987 年 3 月	定年退職。
1987 年 4 月～1992 年 3 月	嘱託として東京都足立区立第一中学校に勤務。
2012 年 8 月	永眠。

中学生にもわかる微分積分

2018 年 7 月 28 日　初版第 1 刷発行

著　者	三好要市
発行者	川上　隆
発行所	株式会社同時代社
	〒101-0065　東京都千代田区西神田 2-7-6
	電話 03(3261)3149　FAX 03(3261)3237
装丁	クリエイティブ・コンセプト
組版	株式会社明昌堂
印刷	中央精版印刷株式会社

ISBN978-4-88683-839-1